中国城市规划设计研究院
研 究 成 果

城 市 设 计 概 论

理念 · 思考 · 方法 · 实践

邹德慈　著

中国建筑工业出版社

图书在版编目（CIP）数据

城市设计概论：理念·思考·方法·实践/邹德慈　著.
北京：中国建筑工业出版社，2003
　ISBN 978-7-112-05764-1

　Ⅰ.城...　　Ⅱ.邹...　　Ⅲ.城市规划－建筑设计－概论
Ⅳ.TU984

　中国版本图书馆 CIP 数据核字（2003）第 023501 号

责任编辑：黄居正　陆新之
版式设计：陆新之
封面设计：周玉飞

城市设计概论

理念·思考·方法·实践

邹德慈　著
*
中国建筑工业出版社出版、发行(北京西郊百万庄)
各地新华书店、建筑书店经销
北京嘉泰利德公司制版
北京建筑工业印刷厂印刷
*
开本：880 × 1230毫米　1/16　印张：11¹⁄₂　字数：364千字
2003 年 5 月第一版　　2008 年 6 月第二次印刷
印数：2501—4000 册　　定价：**118.00 元**
ISBN 978-7-112-05764-1
　　　　(11403)

序

　　这是一本比较系统论述现代城市设计指导思想、设计理念、设计原则、设计方法、设计评价的书，也论及到城市设计的实施与管理。虽是"概论"，但它上溯城市设计的发展历史，分析了主要西方国家自20世纪60年代以来现代城市设计得到发展的背景，也联系到中国当前的实际，结语落在"如何做好中国的城市设计"这个命题上，这些是十分有意义的。

　　如何做好中国的城市设计确实是当前需要着重研究的问题。近年来，城市设计得到很多城市政府的重视，但常常被理解为"打造"城市形象，美化亮化城市的工具，出现不少大广场、景观大道、豪华住区，等等，这是一种对城市设计的片面、表面的认识。城市设计是对城市空间、环境、场所的综合性设计。它既涉及视觉艺术问题，也涉及功能和经济问题；既涉及规划、建筑、园林、市政工程等专业技术，也涉及社会、经济、环境、管理等广阔领域。总之，它和城市规划一样，是多学科融合交叉的一项工作、一门学问。

　　关键是，城市设计是为人，为广大公众而做的设计，要把改善和提高城市生态环境和公众生活的质量放在首位。这是我国城市设计应有的重要指导思想。本书在这个问题上的论述是非常有益的。这本书论述清晰、观点明确，兼有理论性和知识性，文字通俗易懂，还有典型案例可供读者参考，是一本值得各级领导同志和专业技术人员一读的好书。特此为序。

周干峙

2003 年 3 月

目　录

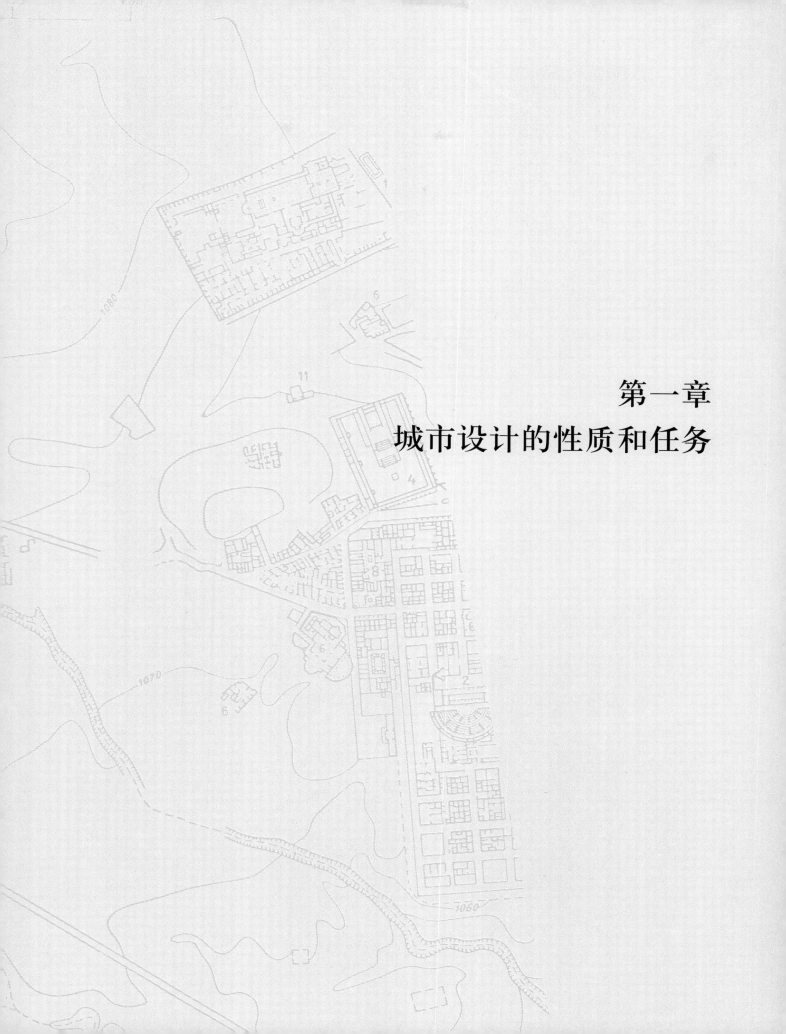

第一章
城市设计的性质和任务

第一节 城市设计与设计城市

一、两种空间的设计

"凿户牖以为室，当其无，有室之用"（老子）

我国古代著名哲学家老子这句富有哲理的名言，借筑屋为喻，辩证地说明"实"与"空"的关系。建造一座实体的房子（室），使用的是其中"无"（空）的部分，即我们今天所说的"空间"。如果我们用空间的概念来观察和剖析城市的实体，任何城市（不论其规模大小）都可以分解为两种空间：一种是建筑物（包括构筑物）内部的空间；另一种是建筑物（也包括构筑物）外部的空间。大家日常看到的实体的建筑物，其实都是包含着各种内部空间的，大小、形态各异的"空壳子"。建筑物外部，则是由建筑物（构筑物）的外壳界面和自然环境所构成的，也是大小、形状各异的、开敞的空间。两种空间以各种形式交织构成一座实体的城市。

建筑内部的空间（包括它的外壳）是建筑设计的对象。

建筑外部的空间（城市的开敞空间）是城市设计的对象。这两种空间的关系，包括建筑物之间的关系和建筑物（群）与城市开敞空间的关系，则是城市设计和建筑设计都要研究的，带有交叉性质的任务。这在后面章节将会提到。

二、设计城市———设计城市的公共空间

城市设计，顾名思义就是"设计城市"。具体说，就是设计城市的空间。

空间（城市设计的第一要素，特别是开敞空间）对于市而言，具有极为重要的意义，主要是：

（一）空间是"容器"。空间的容积（投影在地面为面积）是人们生活的环境。因此，城市环境的主要表现形式是空间。环境的质量表现为空间的质量。环境的容量（包含面积）是否适合人的活动需要，是环境（或空间）质量的首位要素。

（二）空间是新鲜空气的"发生器"。人的生命离不开新鲜空气。人离开食物可以存活几十天；离开水可以存活几天；离开空气（特别是氧气）只能存活几分钟。城市的开敞空间既是容纳新鲜空气的容器，其绿色的部分（树、草等植物所覆盖）又是吸收二氧化碳的"吸收器"和制造氧气的"发生器"。

（三）空间是"场所"。开敞空间是人们户外活动的主要"场所"。城市是人们聚居的社会。城市社会中人的活动（分为户内、户外两大类）需要一定的场所。城市居民的户外活动，包括经济的、交往的、商业的、政治的、文化的、体育的、休闲娱乐的、科研的、教育的，等等，都需要一定数量和质量的开敞空间。经济、社会发展水平愈高，这方面的要求也愈高。

（四）空间是"通道"。城市中的交通流和空气流，是保持城市活力的重要基础和条件。城市，特别是现代城市，一日不流就会"窒息"。长期流动不畅必然"瘫痪"。城市中的人、物（包括固体、液体、气体三种形态）的流动，其通道（包括道路、管道以及其相应的交通运输设施）需要开敞空间。而新鲜空气的流动，是保持生命的重要条件，更需要足够的开敞空间。

（五）空间是形象，也是展示城市形象和面貌的视景地。在这方面，空间具有两重性。一方面，优美的城市空间本身会给人以艺术的感染和享受（其感染力往往强于建筑）；另一方面，人们只能从开敞空间才能"看"到城市的面貌和形象。在空间中不同的位置（视点）看到的客体形象（图景）是不同的。空间作为视景地的作用常被忽视。

上述五种意义，前四种是功能，后一种属于视觉艺术。因此，城市的开敞空间既有功能性，又有艺术性，是功能与艺术的有机结合。在两者发生矛盾时，孰主孰次，视不同空间的性质和需要而异。

三、公共空间和私有空间

（一）两类开敞空间

城市开敞空间按其权属性质则可分为公共空间和私有空间两类。其共同特性是，两者皆是没有覆盖的三维空间，空气与视线（除人为阻隔外）都是通透的。介乎其间的还有一种"半公共空间"。

公共空间是向所有城市居民开放，为公众共同使用的。空间的建设和维护管理由市政当局负责（近年在我国某些城市也有改革变化）。这种公共空间还可分成收费的和不收费的两类。有的城市正在把原来一些收费的（如公园）改为不收费。

私有空间是私人所有的，建设与管理均属私人。空间具有一定的私密性，不对公众开放。目前较多的是

3

城镇私宅的庭园等。

半公共空间按属性应该是公有或集体所有的，但其使用和管理是属于单位的，并不对公众完全开放。在我国城镇中，这类空间占有相当的比重，如机关、企事业单位、工厂、学校、部队等所占的"大院"，以及近几年实行物业管理的高级商品住宅小区等。几年来不少城镇要求这类空间把围墙由封闭性改为通透性，虽然视线通透了，但使用上仍是"可望不可及"。

划分公共和私有空间对城市设计是一件有意义的事情。一个民主的、现代化的社会和城市，应该尽量扩大公共性的开敞空间，使空间为公众所使用和享受。城市设计首先关注的是公共空间的提供和设计问题。

（二）城市公共空间的主要类别

城市，尤其是现代化大城市的公共性开敞空间类别很多，不胜枚举。在此仅就与城市设计关联密切的举例如下：

1．广场——中心广场、集会广场、文化休闲广场、绿化广场、纪念性广场、雕塑广场、重要建筑物前广场、居住区广场……

2．绿地——公园、绿化地带（休闲性、防护性）、滨河绿地（带）、林地、小游园、游乐设施、动物园、植物园、会展中心园地、体育公园、重要建筑物周围绿地、居住区绿地、校园绿地、厂（场）区绿地、单位园内绿地、墓地、苗圃、花卉园地……

3．道路——道路（红线内）、林阴道、步行商业街、自行车专用道、停车场（室外）、大型立交桥、大型环形交叉……

这些公共空间既是城市设计的研究对象，也是城市设计的主要物质要素。

实际上，城市设计的研究对象远比上述内容广泛得多。例如城市的大型商业中心、会展中心、体育中心、大型游乐设施、大学园区、高科技园区、开发区、居住区、交通枢纽、物流中心、工业园区等都是城市设计的对象。在一定条件下，新城镇、新城区、郊野公园等的设计也是一种城市设计。

（三）公共空间"私有化"的问题

城市的公共空间是城市的重要资源，属于公共的资产。在市场经济条件下，城市利益主体的多元化，极易发生为个体或小团体的利益侵占公共资产。在空间领域则表现为公共空间的"私有化"倾向。这种倾向近几年在我国城镇中屡见不鲜，例如，违章侵占人行道，在人行道上设摊甚至开店；在建筑物之间为日照通风所需的空间内乱建棚屋；在河道滞洪带内建住房；侵占公共绿地搞商业性开发；切断道路建市场；堵塞通道、支路；私设路挡；大面积地开发"全封闭"式管理的豪宅园区等，都是公共空间"私有化"的表现。为此，政府有关部门已颁布了城市规划强制性管理的内容及城市绿线管理、河道管理等条例，阻止这种有害倾向的蔓延和发展。在美国城市，公共空间与私有空间的"争夺"也往往是城市设计中的一个矛盾问题。

城市的公共空间永远属于城市的广大公众。

第二节　城市设计的基本任务

自人类开始"自觉"地建设自己的"栖息地"起，就存在着"设计"的意识，虽然那种意识是原始的。例如，从西安半坡村遗址看，村民的住所成半圆形分布，中心是一块场地，在这里分配狩猎而获的公共物品。为了不干扰生活的安宁，制陶的工场布置在村旁小河的另一侧。经历了世世代代，从小小的居民点，发展到村庄，而后产生了城镇，一直发展到现代大城市、巨型城市的出现。今天，全世界已有近30亿人口住在城镇之中。全世界的城镇，大体可以分成两类：有规划的城镇和无规划的（自发成长的）城镇，还有一些先是自发成长后又经规划的城镇。凡是规划形成的城镇，都经过一定程度的设计，只是不同的社会制度、经济水平，不同的历史时期，不同的民族和地域，设计城市的思想、理念、方法、技术以及价值观、审美观不同而已。因此，可以说城市设计自古就已有之。

虽然城市设计有这么长远的历史，特别经历了现代工业社会，至今并没有一套统一的设计任务模式、程序和标准。主要原因之一，是与它具有很强的地域性和创意性有关。为了做好今天的城市设计，使城市设计在我国当前和今后的城市发展建设中发挥很好的作用，有必要弄清楚城市设计的基本任务是什么？为此，先概要介绍几个西方国家关于现代城市设计的理论观点，然后结合我国的实际情况进行讨论。

一、西方国家现代城市设计的若干理论和观点

欧洲国家有很长久的城市设计历史传统（将在第二章阐述），也是产业革命的发源地。18世纪后，一些国家相继出现大量工业城市和伴随工业社会而来的

"城市病"。19世纪末开始萌发和逐渐形成现代城市规划的思想、理念，建立起保障规划实施的法制和管理制度，探索城市开发建设和维护的机制，在实践中使城市规划从学科意义上得到很大发展（包括吸收多种学科知识结合到规划中来）。但是城市规划并没有能够解决全部的城市问题，特别是经历了二次世界大战和战后的恢复重建以后，城市遇到了经济和社会发展的新挑战，包括科学技术的进步带来许多新的问题。人们生活水平的提高，生活方式和价值观念的变化，对城市提出了新的要求。例如自然和它的资源需要保护，历史文化遗产也要保护和合理利用，城市的环境质量要提高，要有更好的面貌和形象，要面临越来越严峻的竞争。在这样的背景下，大致从20世纪60年代后，现代意义的城市设计在很多欧洲国家，也包括美国、澳大利亚、日本等国重新得到重视。

以英国为例。英国在欧美国家中具有比较完整的城市规划体系，把城市设计从它传统的城市规划中"提炼"出来作独立研究，应该说是在二次大战后。1977年出版的《不列颠百科全书》中所撰写的"城市设计"条目（约2.1万字）[①]，杰出地、全面地阐述了城市设计研究的对象、理念、方法、技术等（详见附录二）。它明确指出城市设计的研究对象是城市的"空间"。它指出"景观中的空间是第一要素"[②]。它又指出："城市设计作为一项独立专业而兴起，是为了填补一些以往环境专业之间的空隙"[③]。它从多方面因素阐明了设计一个好的城市空间的目的是为了创造好的"城市环境"。它把环境看作是"一卷巨大的著作"[④]，人们需要不断地研读它。

英国皇家城市规划学会（RTPI）于1979年，由已故前会长F·梯勃兹（Francis Tibbalds）领导一个由40位专业人员组成的小组，对城市设计经过10年的实践和研究后，提出了一系列颇为独到的见解。例如：关于什么是城市设计？

他们认为：

（一）城市设计是一种有关人们工作、生活、游憩以及随之受到大家关心和维护的那些场所（Place）的三维空间设计；

（二）城市设计是当详细的建筑或工程设计进行之前，实现二维的总体规划和规划大纲结构的有力桥梁；

（三）城市设计在城市建成区内的设计，其内容包括不同用途的建筑群，与之相适应的活动系统和服务设施，处于它们之间的空间和城市景观，并与城市社会、政治、行政、经济和物质结构不断的变化过程相联系；

（四）城市设计是一种创造性的活动，它可以在社会、经济、技术或政治条件变化时，策划、改变和控制城市环境的形式和特征。

有些人认为：城市设计是处理建筑物之间的空间；所设计的是：从窗口向外能看到的一切东西。牛津大学的P·莫伦教授（Paul Murrain）认为：城市设计是有关公共领域（public realm）的物质形体设计。

还有人认为：城市设计是一种经过深思熟虑的市政政策。

下面介绍的是该研究小组提出的一份文件[⑤]：

城市设计的职责与任务
(The Agenda of "Urban Design")

1.城市设计由多学科形成，主要因为它所考虑的是（建筑的）物质形体和所毗连场地的功能之间的关系。它不同于建筑师的设计，他们只考虑约束在基地边界以内的事情和业主的意图，而规划师则又难于涉及有关物质形体设计这样的具体问题。因此，城市设计占据着公认的各种有关环境专业之间的中心位置，而且活动于各种专业机构之间。

2.城市设计应使那些新的，受到爱护的公共空间环境资源的创造和维护得到应有的位置。

3.城市设计不仅关心于帮助城市环境的开发者，而且也应关心使用者（居民）实现其对环境质量的期望和要求。业主们在考虑空间安排、投资和管理等问题时，必须重视环境使用者们（居民）的不同选择。

4.城市设计者必须认识和理解社区公众的需求和期望。特别是对于那些过去被忽视的阶层，应该使他们的观点和对环境的要求得到表达。

5.城市设计是在城市开发过程中进行的，因此必须懂得和善于运用行政和经济的步骤和方法来实现公

① 英国《不列颠百科全书》（1977年版）"城市设计"条目。
② 英国《不列颠百科全书》（1977年版）"城市设计"条目。
③ 英国《不列颠百科全书》（1977年版）"城市设计"条目。
④ 英国《不列颠百科全书》（1977年版）"城市设计"条目。
⑤ 原载英国"The Planner"杂志1988年3期，著者译。

众的目标。同时要吃透开发者的目的，并善于通过规划机制，使其达到和符合公共生活的质量要求。

6.城市设计者应该利用自己对社会、经济动态发展的了解和已经表现出来的抓住时机的能力，成为城市开发的操纵者、促进者和实现者。

7.城市设计的教育和研究要涉及城市环境的动态变化问题以及如何使人们生活方式与之相适应的问题。通过教育，使专业工作者、开发者、资金拥有者和公众普遍认识到城市设计对实现更好的生活质量的重要性。

美国具有较长期的城市设计传统。就现代而言，可以追溯到1893年开始的"城市美化运动"，而这个"运动"的做法又受到1850年奥斯曼（B.G.Haussmann）巴黎重建计划的影响。而后，构成美国城市基本面貌的两个重要因素是："城市美化运动"的构架和基础与现代主义的建筑；城市的设计基本被房地产开发商和政府机构所左右。20世纪60年代中期后，在与欧洲国家相似的背景下，城市设计的理念和做法发生了变化：以提高城市环境质量为基本目标。研究的核心问题是城市公共环境的形态及其对市民大众生活的影响。K·林奇（Kelvin Lyuch）说："城市设计专门研究城市环境的可能形式"，E·N·培根（Edmund.N.Bacon）认为："城市设计主要考虑建筑周围或建筑之间的空间，包括相应的要素，如风景或地形所形成的三维空间的规划布局和设计"[①]。像林奇、培根等都侧重于研究城市环境构成要素的相互关系以及人们在环境中的行为和感受，其目的是为了在物质和精神，生理和心理等多方面满足人们的需要。

澳大利亚在1994年，根据总理的要求，由11位专家学者组成一个特别小组，就该国城市的问题和城市设计的现状，向总理提交一份专门的报告：《城市设计在澳大利亚》（Urban Design in Australia）[②]。这份报告陈述了对现代城市设计的性质、重要作用、挑战和评价标准的看法，并且对城市设计的目标，与生态可持续性设计、文化发展、区域发展的关系，以及包括改善政府机构的职责、管理、教育等联系起来。报告还对改善澳大利亚一系列城市和地区的环境质量提出了建议。此报告充分显示了澳大利亚政府对城市设计的重视。报告认为：城市设计的核心总是集中在"公共领域的质量"。城市设计是城市物质环境的设计，应达

到的目的是：便于公众参与和到达，生态健康，有社会影响，有利于经济增长，技术创新和富有"场所意义"（meanings of place）。报告主张城市设计应具有功能性、环保性、社会性，作为提高城市和区域质量的工具。具体而言，就是重视公共空间的质量，包括：街道、道路、广场、人行道、街道设施，小品以及公园、喷泉等等。还要重视对历史城区的保存和再利用以及参与社区规划，改善基层社区的环境质量。报告认为：城市设计作为一种广泛的公共政策，要对整个城市进行设计。这份报告可以说概括了西方国家自20世纪60年代以来城市设计方面的主要经验，包括他们的理论观点和做法。这些很值得我国借鉴参考。

二、我国近年来的实践和经验

中国古代城市与很多国家的城市一样，有很好的城市设计传统（虽然无此名称）。唐长安城、明清北京城、苏州平江府城等都是杰出的例子。进入近代时期，由于政治经济原因，社会衰败，经济落后，城市得不到发展。20世纪以来，直到建国前，只有少数城市、局部地区进行过城市设计，理论与方法基本上引自西方。建国后，从20世纪50年代始，建立了城市规划机构和完善的制度，基本上是模仿前苏联的体制。那个时期，

图1-1　上海曹杨新村总平面设计（1952年）

①（美）E·N·培根等著，黄富厢、朱琪编译.城市设计
② Urban Design in Australia. Australian Government Publishing Service,1994

图1-2 上海闵行一条街设计(1958年)
沿街布置住宅、底层商店与街坊内部结合不够

(1)总平面图　　　　　图1-3 深圳城市总体规划图

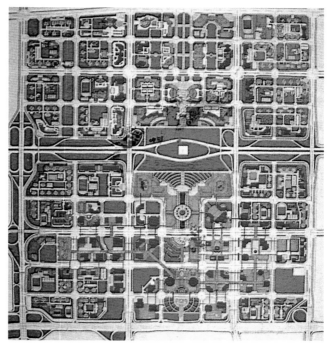

(2)中心区城市设计(方案之一)

在中国的规划和设计体系中，没有城市设计的概念和位置。即使如此，当时在上海等一些大城市，也做过一些居住区(如曹杨新村等)(图1-1)和一条街的设计(如闵行、张庙)(图1-2)，但其影响不大。

20世纪80年代后，随着改革、开放方针的实施和计划经济体制向市场经济体制的转变，中国的经济进入了持续快速增长的时期。城市经济增长，结构调整，人口增加，住房和市政基础设施以前所未有的速度得到发展。人们的生活水平比以前提高，生活方式和价值观念起了很大变化。这些趋势首先在沿海大城市和特区城市表现出来，而且越来越强烈。在这样的背景下，我国原有城市的"质量"低下：道路陈旧、单元式住宅标准划一、市政公用设施简单、文化娱乐和商业服务设施单调而缺乏，缺少公园，几乎没有草地，只有少数几个城市广场(主要是为政治集会用)；城市江河沿岸多数被仓库、码头、工厂占用，在有的城市甚至是垃圾堆场。城市缺乏色彩和"光亮"，一片灰蒙蒙，而且"千城一面"。这种状况与快速的经济社会发展和人民文化生活不断提高的需求是很不适应的。20世纪80年代初、中期，以深圳为代表的特区城市首先崛起，在城市规划中融入了较强的城市设计理念，反映了当代很多新的城市设计思想。例如深圳的总体规划(图1-3)结合自然地形，采取组团式结构，使绿地楔入其间；新的中心商务区有机地把市民中心广场、绿色中央走廊和商务办公建筑结合组成一个有效率和有感染力的城市空间等。20世纪80年代中期，上海同济大学为山东东营的孤岛新城(5万人)所做的规划，实际上是一个城市设计的试验，取得了成功的效果(图1-4)。该项目与深圳总体规划均获得全国第一届城市规划优秀设计一等奖。

20世纪90年代上海浦东新区陆家嘴中心商务区的规划是一次真正的城市设计实践，并且吸引了外国著

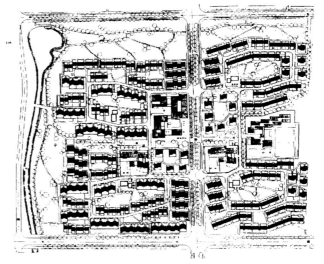

(1)住宅区总平面布置　　图1-4 山东东营孤岛新城总体设计

(2)职工住宅区

名的设计师和设计机构参加，最后的方案由上海的城市设计专家小组完成（图1-5）。实践证明，设计是成功的。它从一开始就用新的城市设计理念、方法来进行，然后融入到我国的城市规划体系以付诸实施。但是整个新区看来还缺乏城市设计的整体考虑，部分重要建筑的位置和设计有缺憾。20世纪90年代后半期至今，中国的城市设计得到较全面的普及。随着开放和交流的增强和越来越多的中国城市（特别是大中城市）

图1-5　上海浦东陆家嘴CBD规划设计模型

对改变城市面貌和提高环境质量的愿望增强，西方现代城市设计的理论、方法和实例等，以书籍、资料、报告、国际方案招标竞赛等各种形式传入我国。在不长的时期，城市设计已深入、普及到很多领域，不仅在城市规划、建筑、园林等设计界，还包括房地产开发企业和城市政府领导决策层。这种趋势又恰好与某些城市领导急于想改变城市面貌、树立"政绩"的心情结合起来。因此，几乎在美国"城市美化运动"的100年后，中国也出现了一次带有中国特色的，比当年美国规模更大的"城市美化运动"。大量的城市设计任务，空前的机遇，绝好的实践机会，这一切都在对城市设计缺乏足够认识，没有很好的理论准备，没有很多经验和城市设计人才的情况下，在一个很短的时期内（不到10年），奇迹般地发生并行动起来。中国城市规划和设计界的专家学者们是努力的。这段时期内把大量的国外城市设计理论、方法吸收和介绍进来，出版了不少专著，包括有些是资料集（大部分列在本书的参考书目中）。中国的设计师们创作了大量（无法确切统计的）城市设计作品。举例而言，仅城市广场，20世纪90年代至今，中国大中小各级城市已建成的决不下数千个之多，其数量和速度肯定是举世无双的（图1-6、图1-7）。

图1-6　西安钟鼓楼广场

图1-7 上海静安寺广场 (1)模型

(2)下沉式广场结合地铁出入口

图1-8 近年来我国的城市设计作品 (1)某市居住小区的绿化环境

(2)深圳蛇口滨海区城市设计(模型)

其次,应该是滨河绿地和步行商业街了。住宅商品化后,大量新的、经过很好设计的居住小区也是数量惊人的(图1-8、图1-9)。高速度、大规模的建设,又是在技术准备不足的条件下,所以难免显得粗糙,甚至有失误。但是仍然出现一些好的设计,例如,像上海外滩步行休闲景观带及陆家嘴中心商务区、西安钟鼓楼广场、哈尔滨中央大街步行街及索菲亚教堂广场、广州珠江沿岸整治、深圳东门步行街及华侨城中心绿地、宁波三江口中心区等(图1-10、图1-11、图1-12),还有一些优秀的城市居住小区,都获得专家和人民大众的好评。近年来的一些佳作还未一一列举。

值得提及的教训,主要是:不少城市设计的出发点(动机)主要为了创造"形象",因此出现重形式、轻功能;夸大尺度,无端地追求气派、排场,浪费土地和资金;设计中重物不重人。虽然经常打着"以人为本"的旗号,实际上往往过分重视建筑(包括建筑的标志作用),很少研究人的实际需要和行为规律,包括认

图1-9 北京上地佳园住宅小区

知和感受;粗鲁简单地对待历史地区和旧城区,"喜好"彻底改造和全面更新;在建筑和空间形式上随"风"而"抄",包括不分场合地采用"欧陆风格",喜好和抄袭外国的东西,缺少创造和创新。不少城市在新行政中心设计中,流行的那种大尺度、大广场加"轴线对称式"的布局形式,恰恰是西方18世纪所谓"巴洛克"式

图1-10　上海外滩步行休闲带　　　(1)1924年的外滩

(2)今天的外滩

图1-11　广州、宁波、哈尔滨等城市的城市设计
(1)广州英雄广场绿地

图1-12　深圳东门步行商业街

(2)哈尔滨索非亚教堂广场

(3)宁波三江口中心区设计

图1-13 "大尺度"市政中心及广场 (1)某城市中心区设计

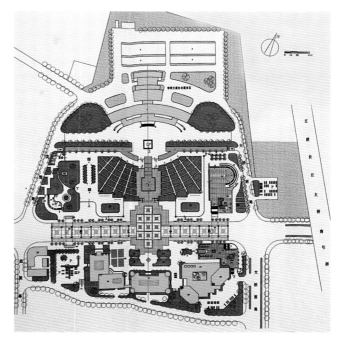

(2)某城市行政中心广场设计

城市设计的翻版（图1-13、图1-14）。这些有害的倾向如不纠正，会给中国城市造成长远的，不可挽回的损失。

总结我国城市设计的经验教训，结合研究世界各国城市设计的理论和方法，关于中国城市设计的基本任务，应该明确以下要点：

（一）以城市空间为对象，通过城市设计创造高质量的，三维的城市物质形体环境。

（二）提高城市物质形体环境质量的根本目的，是为了提高全体人民的生活质量。城市设计要重视研究使用者（人民大众）的需要和愿望，研究人们的行为规律和爱好，为人民提供舒适、方便、安全、清洁、悦目的城市空间。

（三）城市设计要促进城市的经济发展，为各种经济活动提供空间和场所，有利于增强城市的活动和竞争力。

（四）城市设计要创造与自然环境完美结合的人工环境，设计要不破坏自然环境，充分利用自然条件，保护好自然生态。正确的指导思想应该是：促进人和自然的协调与和谐，使人们在优美的生态环境中工作和生活。坚持实施可持续发展战略，正确处理经济发展同人口、资源、环境的关系，改善生态环境和美化生活

图1-14 沈阳"荷兰村"。
一个全盘"欧风"的大型社区，占地近2km²

环境，改善公共设施和生活福利设施。

（五）城市设计要保护城市的历史遗存，使城市的历史文脉得以继承、延续和发展。在旧城区进行城市设计应采取谨慎的细致态度，保存并合理利用有历史价值的街区、街巷和建筑，避免粗暴地大拆大建。

（六）城市设计（不论是城市局部的或整体的）都要从城市的整体出发，与城市的总体规划框架和各项专项规划相衔接。设计还应适合城市的经济水平和能力，考虑渐进式的发展和建设。

城市设计的指导思想和原则将在第三章具体阐述。

城市设计的工作类型，大致可以分为：

（一）发展型：这是当前主要的类型（大部分已有发展计划或意图），以项目的形式出现，业主多数是政府或部门，也有的是开发企业。

（二）保护型：这类设计多数是历史文化名城的局部地区、地段，甚至整个地区。业主多数是政府或部门。

（三）研究型：一般尚无具体的开发计划或项目，先作设计研究，提供方案或意图，为决定计划作前期准备。另一种做法是通过研究订出城市设计导则，以指导具体的建设活动。

城市设计项目大致可分四类：

（一）项目设计：以一个广场、一条步行街、一条滨江绿带等为项目进行设计。

（二）系统设计：以城市的某些系统为对象进行设计，例如城市的园林、绿地系统，照明、亮化系统，雕塑系统，标识广告系统等。

（三）城市总体（或分区）的设计：包括两类，一是完全新建的城市或分区（包括新开发区、科技园区、大学园区、旅游度假区、大型体育、博览、会展区等）；二是现有的建成区，主要以整治、改善、更新为主。

（四）跨城市的、区域性的设计：一般如沿江河流域性的设计，沿高速公路两侧景观设计等，这种类型较少，但近年来也已出现。

第三节　城市设计与城市规划的关系

一、两种观点

由于对城市设计的认识不够，当20世纪90年代城市设计在中国迅速兴起后，我国城市规划界对城市设计与城市规划的关系问题，基本上有两种观点：

（一）城市设计＝城市规划

这种观点认为，我国的城市规划已形成自己的体系，从规划法到规划编制程序、阶段、标准、审批、管理等都已基本成型，并且行之有效。城市设计的出现，像个"另类"。何况，城市设计的目标、任务与城市规划基本一致，何必"另辟蹊径"。按照《中华人民共和国城市规划法》的规定，城市修建性详细规划也是城市三维空间的规划设计，看不出与城市设计有什么本质不同。这种观点不反对在城市规划中吸纳新的城市设计思想、方法，贯穿在各层次的规划中，特别是详细规划。同时，这种观点也担心城市设计在我国法定规划程序中的"位置"不好定。进不了法定程序，在我国就意味着得不到审批，意味着可能会失去控制和管理。"好心者"也担心由于没有法定地位，好的城市设计得不到实施的保障。

（二）城市设计≠城市规划

持这种观点的以城市规划界、建筑界的部分学者、专家为主。他们比较了解国外现代化城市设计的发展动向，看到西方国家自20世纪60年代后城市设计逐渐从城市规划中"提炼"（甚至于"独立"）出来的趋势，而且发挥着活跃的作用。同时也看到社会、经济的发展，生活的变化，传统的规划体制显得过分"刚性"，甚至"僵化"。他们以"宏观"与"微观"，"偏重社会、经济"与"偏重物质形体"来区分城市规划和城市设计。这种观点显然是主张城市设计应该与城市规划有所分离，逐步发展成一个相对独立的学科。但是对于"法定"、管理等问题还来不及研究和考虑。建筑界也有人认为城市设计似乎就是建筑设计的延伸。

无论有两种，或者多种观点都是正常的。一定程度上反映了城市设计，也包括城市规划在学科上的不够成熟。这在中国和外国都是一样的。

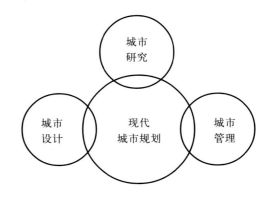

现代城市规划的三个主要支柱

实际上，从古代到近代，城市设计和城市规划基本上是一回事，在概念上没有明确的区分。那时候的城市，规模没有那么大（个别例外），功能没有那么复杂，问题没有那么多，交通方式简单，城市的发展速度慢得多（欧洲城市的一个教堂可以建造几十年、几百年）。城市的规划、设计由执政者决定，工匠们执行。现代意义的城市规划是进入工业社会以后才产生和发展起来的。从欧洲的发展历史看，城市规划的"母体"是设计（因为那时既没有今天意义的"城市设计"，也没有今天意义的"城市规划"）。故有城市规划是"扩大的建筑设计"之说。因此，第一种观点认为"城市设计＝城市规划"，本是"一家人"的观点有一定道理。但是，20世纪后，特别是二次大战后，由于经济、社会的发展变化，科学技术的进步，城市的规模、功能、形态发生了巨大变化，城市的发展机制、管理机制也随之而变。城市规划本身也经历着发展变化。应该看到，今天的城市规划（无论国内还是国外），与20年前、50年前的城市规划已不可同日而语了。笔者于1991年曾发表一篇论文[1]，把城市设计与城市研究、城市管理共同看作是现代城市规划的重要支柱。实践证明，这几年城市研究（特别是城市发展战略研究）、城市管理（包括管治、经营）和城市设计一起，成为社会和城市政府关注的热点，确实对城市规划起着支柱性的作用。从这点出发，第二种观点也是有道理的，而且是顺乎时势的。

但是两种观点都不宜走向极端。笔者认为城市设计从城市规划中拓展出来是积极的，甚至是不可避免的。但是城市设计与城市规划的结合又是必要的、重要的和可行的。

二、城市设计与城市规划的结合

两者结合的问题，不但我国有，其他国家也同样有。因为只有密切结合，才能使城市设计的好思想、好方案能够被采纳和渗入到开发建设中去，才能发挥城市设计的作用，使城市设计富有活力，得到发展。

美国对城市设计与规划的结合有不少研究。美国是一个规划机制比较软弱的国家（特别是在国家层面）。实际的控制依靠发展控制（Development controls）和公共投资（Public investment）这两种机制[2]。城市设计对发展控制的影响是通过土地区划条例(Zonning

Ordinance) 来实现，主要是在微观层面，通过对土地使用性质和密度，然后通过对建筑容量、红线后退、高度限制和开敞空间应占比例等的要求以及对建筑功能和艺术的要求，与周围城市结构的关系，甚至底层的使用等进行规定。美国的经验认为，城市土地使用规划是城市设计的"工具"；城市设计还可以作为城区内环境影响评价（EIA）的依据。城市设计也可以影响公共投资（用于城市基础设施建设）的方向和政策。J·巴尼特（J.Barnett）有一句名言：城市是可以被设计的（Cities can be designed）。说明城市设计既是必要的，也是能起作用的。澳大利亚的经验认为，在他们的规划体系内，对城市设计起直接影响的是：战略规划（土地利用、交通运输、环境）；公共工程和服务设施（城市基础设施）的提供以及各种条例和控制（包括历史古迹、交通、卫生等）。

根据我国的实际情况，城市设计必须而且可以和城市规划密切结合。其结合点和结合方式，大致为：

（一）城市设计应该在城市总体规划（包括区域城镇布局规划等）的指导下或提供的框架内进行。城市整体的城市设计所提供的方案（或导则）可以被吸纳到总体规划中去，包括在没有整体城市设计的情况下，总体规划编制（或修订）过程中，主动运用城市设计的理念、方法渗入到城市土地利用、空间结构、形态、系统等规划之中。

（二）在详细规划层次，城市设计与城市规划的主要结合点是控制性详细规划（以下简称控规）。控规中的地块划分、地块用地性质和一系列控制指标的制订（包括竖向和管线布置等），主要依据是城市设计。结合方式可以是：先做城市设计，后做控规或城市设计与控规同步做。但应该注意到：城市设计是方案，控规是实施操作的，具有法定性的工具。在未做城市设计的情况下，控规的制订也应该主动渗入城市设计的思想。经过批准的控规要为城市设计提出设计条件和要求。在这方面，我国的情况优于美国，因为美国的土地区划条例往往是由一些不懂城市规划和设计的人写的。城市设计与修建性详细规划（以下简称修规）确有很多相似之处，一定条件下可以相互取代。所不同的是，经过批准的修规具有法定性质，城市设计只是方案。

（三）在建成区的日常建设中，对每个建设项目的规划管理，城市设计的思想主要体现在规划设计条件和要求的提供上，以及建设项目审查和"两证"（项目用

① 邹德慈.现代城市规划的三个重要支柱.城市规划,1991(2)

② J·Barnett.Urban Design.Kingsport Press,1988

地规划许可证和建筑许可证）的核发过程中。从事规划管理的官员和专业技术人员应该懂得城市设计的知识。

城市设计在当前情况下最能发挥作用的是对城市开发或保护地区、地段所进行的整体设计。它能使城市规划的意图得到完美而具体的体现。

归结起来，城市设计与城市规划的关系应该是：

城市规划为城市设计提供指导和框架；

城市设计为城市规划创造空间和形象；

城市设计是城市规划的继续和具体化。

三、城市设计与城市规划的异同

通过前面的具体分析，关于城市设计和城市规划的相同点与不同点已经比较清楚了。总结如下：

（一）相同点

1.在基本目标和指导思想上的一致性。在同一个城市的具体规划目标也应该是一致的。

2.两者都具有整体性和综合性的特点。那种认为城市设计以建筑为主或以景观为主的看法是片面的认识。

3.两者在学科特点上都是多学科的交叉，在工作方法上都需要多部门、多专业的协调与合作。

4.两者的成果形式都以图件和文本为主。

（二）相异点

1.城市规划具有战略性；城市设计偏于战术性。

2.城市规划偏重宏观层面的研究；城市设计偏于微观方面。

3．城市规划基本上是二维的（但也要考虑三维）；城市设计基本上是三维的（不等于可以忽视二维的考虑）。

4.城市规划以研究经济、社会、环境等要素为主；城市设计以研究物质形体环境为主（但是要涉及社会、经济、环境等背景）。

5.城市规划具有计划、控制性质；城市设计基本上是设计性质。

6.城市规划经过批准后具有法定性；城市设计是方案性、指导性。

第四节 城市设计与建筑设计的关系

建筑是城市物质形体环境中最为重要的要素之一。建筑从功能上提供城市居民几乎所有户内的活动需要。这些活动在一个现代的城市社会中，越来越复杂而多样。建筑在城市中又总是以较为集约的形式而分布，而且按其使用功能集聚成组、成群。不同功能的建筑之间，有需要分隔相离的，也有可以相容相邻的。这种可兼容与不可兼容的特性往往决定着城市土地利用中关于地块单一使用性质与混合使用性质的区分。由于城市土地的紧缺、土地价格的高昂，以及使用上的方便，城市各类建筑尽量利用其兼容性作多种用途，已经成为城市建设的一种趋势。例如，沿街住房的底层用作商店；宾馆、饭店的裙楼作为沿街餐饮、商业、娱乐等。功能综合多样、容积巨量、体形庞大的巨型建筑，建筑高度超过300~400m的摩天大楼，大跨度的体育建筑、会展建筑等在大城市纷纷出现。今天城市中的建筑，类型之多样、形体之丰富是前所未有的。但是，问题在于建筑物之间的关系，建筑与周围空间的关系往往处理得不好，不协调，从而造成很大的缺憾。

建筑的立面和体形，作为一种形象，是构成城市面貌的主要因素。在很多城市的开敞空间中，建筑往往处于主体的位置。建筑的形体、色彩、艺术风格影响人的感知，给人以各种不同的感染力。在生活中，人们对某个城市空间或场所的认识，甚至对整个城市的印象，都主要来自建筑，特别是来自处于主体位置的重要建筑。

建筑的功能和形象都是城市设计的重要要素，从而决定了城市设计与建筑设计的密切关系。这种关系可以概括为：

城市设计为建筑设计提供指导和框架；

建筑设计实现、完善和丰富城市设计。

城市设计通过什么环节指导建筑设计？大致为：

一、定位

通过体现城市设计意图的控制性详细规划，为建筑物确定位置，使建筑物与周围已有的建筑和今后可能建设的建筑之间，建筑物与周围开敞空间之间有一个合理而协调的关系。一般应考虑日照、通风、消防、停车和必要的绿化空间等问题；建筑的朝向和主要出入口也要和城市的空间结构和周边道路、地下管线等相结合。定位的另一层含义是确定建筑在具体空间条件下的"角色"和"地位"。例如是主体还是陪衬。不能每个建筑都"突出自我"，喧宾夺主。但是由于定位独到，利用建筑形象而创造突出而具魅力的城市空间，也不乏成功的实例（图1-15）。

图 1-15　悉尼歌剧院。　　　　　　　　　　　　　　　　　定位独到、形象突出。但是该建筑在功能上、经济上受到一定的批评

二、定量

建设量的确定虽然来自业主和使用功能的需要，但是还要受到城市设计从场地的空间容量、尺度、合理密度、视线、遮挡等多种因素的制约。具体表现为容积率的确定。地块容积率是涉及到卫生、安全、视觉、使用功能等多种因素的指标，它一定程度上反映了环境的质量。它是通过城市设计的考虑，由控规确定的。容积率又涉及开发建设的利益，因此往往成为开发企业、建筑师与城市规划部门谈判协调的焦点。明智的业主已开始懂得遵守合理的容积率，控制开发建设量对保持环境质量的重要性，而这最终也是有利于开发利益的。

三、定形

城市设计对处于具体地块建筑物的高度提出限度或建议，并对建筑的形体提出要求，也都是为了取得空间的协调。建筑的高度、形体等往往和建筑在具体城市空间中所担当的"角色"和位置有关。该"突出"还是该"淡化"，应该服从空间秩序的需要。

四、定调

主要指建筑的色彩、风格、格调等方面。与"定形"一样，"定调"也要服从城市空间统一的设计和安排。

这四个方面，通常都由城市有关地区、地段的控规和"规划设计条件"提供给建筑设计。

如果把城市的空间看作是一篇交响乐，建筑只是其中的乐句和音符。建筑设计是一项受约束的创作，只有一定的"自由度"。它除了要遵循自身的规律、法则要求以外，还要为实现城市设计，完善和丰富城市设计而努力。建筑设计又是一项富有想像力和创造性的工作，建筑艺术是一种创作。虽然城市中的建筑设计要接受城市设计的指导（或约束），但仍然不会（或不应该）成为建筑创作的束缚。优秀的建筑设计以其创造性的杰出形象为城市空间增光添彩的范例，在国内

外都不乏见，就是有力的明证。

城市设计与建筑设计的结合

城市设计与建筑设计，虽然设计对象不同，设计层次不同（城市设计介于城市规划与建筑设计之间），设计深度不同（城市设计是较大比例尺度的方案，建筑设计要做到修建的深度），但是在一定条件下，城市设计可以和建筑设计在某些建设项目上结合进行，结合得好可以取得成功的效果。近年来在我国结合较多的是在居住小区和住宅设计，广场与主体建筑的设计，某些大型文化、体育、娱乐、会展等设施的室外空间和主体建筑的设计以及新的大学校园与教学建筑的设计等。这两种设计在这类建设项目上的结合，具体表现为总平面设计（有的甚至叫总体规划，是不够确切的）与建筑设计。实际上，大尺度土地面积上的总平面设计都应该看作是一种城市设计。因为它与城市空间结构有着不可分割的有机联系，项目场地就是城市空间结构的一个组成部分。有些情况下，由于建筑师的城市设计意识不强，或甚至没有，使不少场地内部设计得不错的建设项目，与城市的结构脱节（包括一些优秀的居住小区），成为新的"城中城"、"城中堡"。

实际上，城市设计还要与其他一些专业的设计工作相结合，如园林绿化设计、市政工程设计、广告照明设计、小品及雕塑设计等。

建筑师的"城市设计观"

无论在具有城市设计或暂时还没有城市设计（或城市设计的要求不明确）的情况下，建筑师在设计城市建筑时，都应该自觉地运用城市设计的观念，使建筑与城市的空间结构相融合。

建筑师并不是"天然地"就能具有城市设计的知识和能力（不幸的是，有少数建筑师自以为如此）。他们需要经过专门的学习和训练，其实，规划师也是如此，特别当现代城市设计愈来愈有学科独立特点的今天，更需要学习。建筑师（特别是注册建筑师）必须具备的"城市设计观"，起码有以下两点：

整体观念

环境观念

整体观念就是把建筑看成是城市物质形体环境整体的一个组成要素，而不是孤立的单体。

环境观念就是把建筑和周围环境，建筑空间和周围开敞空间视为相互联系、相互影响的一个整体。

具备这两种观念，除了学习和实践外，还需要高度的文化素质和修养，高尚的职业道德和觉悟。

第二章
城市设计的简要历史

"历史——现在——未来"是认识和研究城市设计的一条主脉。面向21世纪的未来，做好中国的城市设计，需要沿着这条主脉，回顾历史，认识现在，预见未来。城市设计的思想、方法、技术作为一种文化，早已在全球相互交流和传播，其现象往往是经济强大、文化发达的国家，影响欠发达的国家。特别是近现代以来，中国的城市和城市设计受欧美国家的影响很大。这就有必要了解他们的历史和现在，了解他们的城市和城市设计是在什么背景下发展而来的，状况是怎样的。

第一节　古代和中古时期的城市设计

一、欧洲

欧洲是人类古代文明的主要发源地之一。欧洲的古代城市，以希腊和罗马为代表，也成为古代西方文明的见证和宝贵遗产。古希腊是一个城邦国家，雅典是城邦之首，集中了当时的政治、经济、文化等功能，成为贵族政治与自由民主制度的文明之都。雅典城市的设计充分反映了当时的社会意识和社会生活。雅典城的公共中心和精神中心（卫城），包括著名的帕提农神庙，设置在高出地面70~80m的山丘上，俯瞰全城，气势非凡，是城市设计的杰作。城市的政权机构、市场、半圆形露天剧场、竞技场等都布置在通道方便到达的地方（图2-1）。希波达姆（Hippodamus）设计的米利都城采用规则的棋盘式道路网，结合围合式广场与商业、宗教和公共活动中心的布置，成了一种典型的布局模式（图2-2），一直影响到罗马时期的城市，甚至2000多年后欧洲和美国的一些城市。L·芒福德（L.Mumford）认为，这是殖民者为殖民城镇规划设计的最简便易行的"工具"。棋盘式道路网，便于划分街区，形成居住的邻里单位，也决定了广场的形式，产生了有顶盖的柱廊形式，给人以秩序感和视觉的连续性：长长的大街，绵延不断的柱廊。这种基本形式长期以来成为欧洲有规划城市的一种传统。这说明，优秀的城市设计形式（虽然是古代的），作为一种文化形态，是可以传播广阔而且传世于后代的。但是另一方面，由于权力的欲望，那时的城市就已经出现尺度夸大，没有实用意义的大型公共建筑，直到"大希腊"国家的灭亡。

罗马替代希腊成为独霸欧洲的帝国，权力扩展到北非和中亚。它建立了数千个殖民城镇，"自由化"城

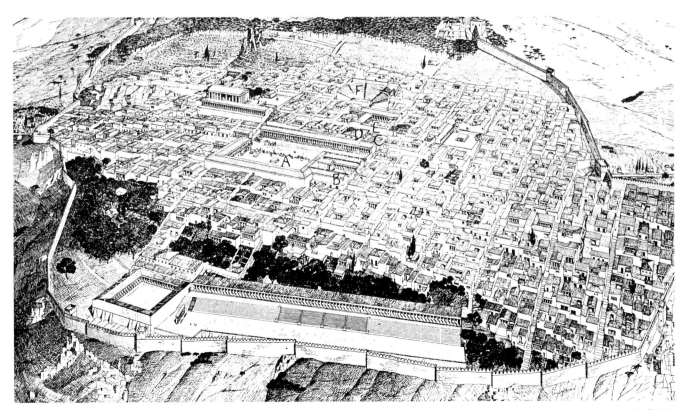

(1)希腊的"自由城市"普利南城

图2-1　希腊城市

(2)雅典卫城

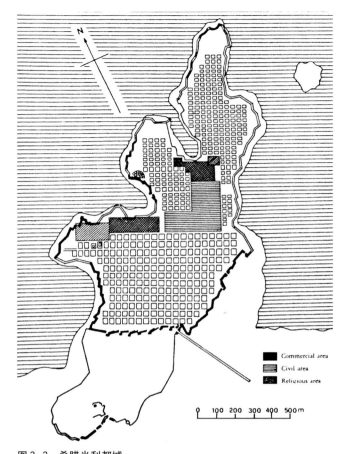

图 2-2 希腊米利都城。
公元前五世纪由希波达姆斯设计，从而成为一种"模式"：公共中心包括商业、宗教和公众活动场所，密集的格网道路

镇和纳税城镇（图 2-3）。罗马城镇的设计来自希腊的传统和占卜迷信。两条直角相交，东西、南北走向的主干路构成城市的主轴。交会的中心是广场。城市在朝向上考虑到卫生和舒适。罗马人对城市设计的贡献是在城市中修建了巨大的供排水工程，以及到处树立浮夸的人像和方尖碑。罗马城市的广场是公共生活的中心。它的尺度要能容纳各种活动，富丽堂皇的门廊、柱廊及轴线对称式的建筑布局成为城市的美学基础。大型公共浴池和圆形竞技场是罗马人奢靡生活的反映。公元 5 世纪罗马帝国灭亡，罗马城从一个近百万人口的大城市衰败到只剩几万人。

从 6 世纪到 11 世纪期间，欧洲城市经历了很长一段发展比较缓慢的时期。城市规模较小，没有形成强大的统治阶层，封建贵族势力和宗教影响着城镇的发展。教会是精神统治的组织形式。这个时期的欧洲城市表现了渐进而有机形成的特征。城镇中心由教堂和

市政厅组成广场，道路弯曲狭窄，由城郊四周通向中心。这也许是中心放射式道路网络的最早原型。欧洲中古时期的城镇一般都有城墙，它不仅为了安全，还增强居民的"领域感"。很多这样的城镇，在设计和建设上，不乏建筑艺术上的匠心和对城市艺术，特别是广场、喷泉、街道等空间的艺术处理，在欧洲国家保存至今，成为今天人们怀旧、观光的胜地（图 2-4）。11 世纪后，一部分靠商业、贸易发达起来的城市，如佛罗伦萨、威尼斯等开始发展起来（图 2-5）。经济、科学和文化的发展，导致以突破思想禁锢为特点的文艺复兴运动的兴起。欧洲中古时期的大部分城市，人口规模很小（少于 10 万人），但是富有特色，"规模形式相当小巧，而生活内涵尺度则相当丰富"[1]。故有"红色的锡耶纳、黑与白的热内亚、灰色的巴黎、五色缤纷的佛罗伦萨和金色的威尼斯"之说[1]。

① （美）L·芒福德著.仇文彦，宋峻岭译.城市发展史

20

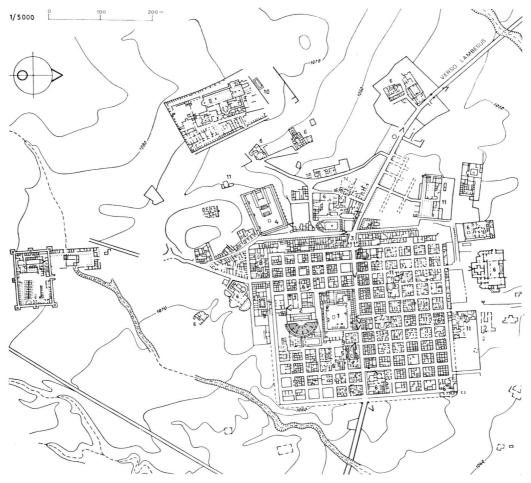

图 2-3　罗马时期的提姆加德城平面图（公元前 110 年），周长 350m，是一座正方形的典型殖民城市

图 2-4　意大利锡耶那城及广场

图2-5 若干中古时期的意大利城市

(1)威尼斯圣马可广场

(2)Santa Croce城，以教堂为中心

(3)佛罗伦萨 Santa Maria del Fiore 大教堂

① ② 贺业钜著.中国古代城市规划史.中国建筑工业出版社

二、中国

中国古代城镇是按照一定的形制规划建设的。周代以后，把设计城镇加以范式化，成为礼制的组成内容之一。主要城镇的位置和等级，是按照统治和军事防卫的需要而定的，兼而考虑接近河流和农业地区等。城镇的主要功能是官衙、府邸、屯兵，以后还有庙宇等，商业、手工业到唐宋以后才逐渐发达起来。《周礼·考工记》所记载的"匠人营国，方九里，旁三门，国中九经九纬，经涂九轨，左祖右社，前朝后市，市朝一夫"①（图2-6），是概括了所有政治中心城市，特别是都城的设计原则：官衙居中，尊祖重民，功能清晰，严谨规整，棋盘式街道和街坊的划分体现着主次有序，均衡稳定的空间构图，符合我国古代社会的政治理念和审美观。古代城市另一个设计传统来自具有辩证思想和科学认识的哲学家，如管子等人的学说。他们主张城镇建设要结合对场地各种条件的研究，如《管子·乘马篇》提出："高毋近阜而水用足，下毋近水而沟防省"②，概括而言，就是从场地的实际情况出发，因地制宜。出自易学的风水占卜理论，也从城镇选址与自然条件的关系上对规划设计产生影响。

历代王朝都是倾注全国的力量建设都城，因而中国古代城市设计的优秀传统也集中体现在都城上。唐长安、元大都、明清北京城等都经过很好的设计

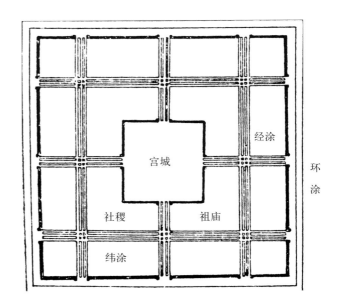

图2-6 《周礼·考工记》都城规划模式想象图

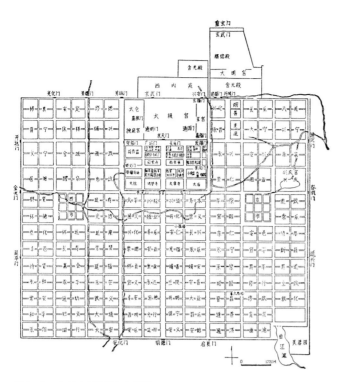

图2-7 唐长安城规划示意图

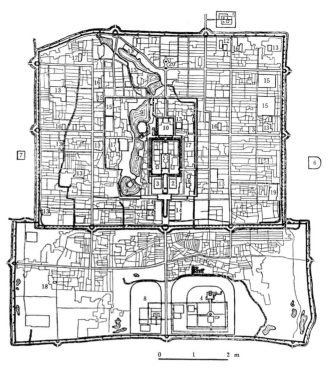

图2-8 明清北京城规划示意图

（图2-7、图2-8）。长安是当时全国最大，也是世界最大的具有国际性的大都会。宫殿居北，"统领"全城，城区划分成108个"坊"，有明确的功能概念。商业集中在东西两市，为统治和安全起见，坊有坊墙，实行"封闭管理"，是典型的"城中城"。城市有突出的中轴线——朱雀大街宽150m，是一种超越功能的大尺度设计，目的为了突现王朝的雄威和仪仗的需要。明清北京城被公认是世界罕见的城市设计杰作。这座在15世纪初期，在元大都基础上移位扩建的都城既遵循中国自古以来都城设计的形制，又因地制宜地引入来自西山的水系，在城市中心形成三片水面（海），使占地达62km²的内城空间结构，既严谨又生动，使伟大的人造工程（大都城和紫禁城）中包含着自然的形态。格网式的道路系统，按功能分成不同宽度的等级（大街、小街、胡同），有机地组成网络，直到今天，仍然是现代城市值得借鉴的设计原则。都城的设计用极强的表现力突出"皇权"：金碧辉煌的皇城与灰色平坦的民居，形成强烈的对比。布置在城市明确位置的坛、塔、庙宇、牌楼等都是城市设计的要素。它们的尺度、高度、形体等都服从于整体空间架构的需要。明清北京城集中表现了中国古代城市设计的精髓。南京是中国另一个经过设计的古都。它的城址选在紫金山西侧（图2-9），北傍玄武湖，成为不规则的空间形态，是

图2-9 南京城规划示意图

23

依据山形地势的考虑，其宫城偏于都城的东部而没有按形制而居中。成都在古代是个地方政治中心城市。其城池以府河为城河，偏离南北朝向布置。而宫城（府衙）则仍按形制作正南北朝向，也是结合自然而设计的一个范例（图2-10）。

"人类社会发展的强大活力是决定城市形式的关键因素"①。中国自宋代以后，由于经济和贸易的发展，城市中的商业、娱乐、休闲、消费等各种活动活跃起来（图2-11），终于冲破坊里制的分区形式，拆除坊墙，

沿街开店，城市生活丰富多彩。住宅布置在巷内，取得环境的安静，"街巷结合"成为一种新的道路和分区系统的形式。11世纪的"平江图"是世界上第一幅用精确比例绘制的城市设计图（图2-12）。它描绘了宋代平江府（今苏州）的城市空间结构——成矩形网状的街巷与河网相结合，形成"前街后河"的既富有特色又科学合理的空间系统，即行人和商业在前街，水源和交通（舟运）在后河。这种分流的原则对今天的城市设计仍有一定的借鉴价值。

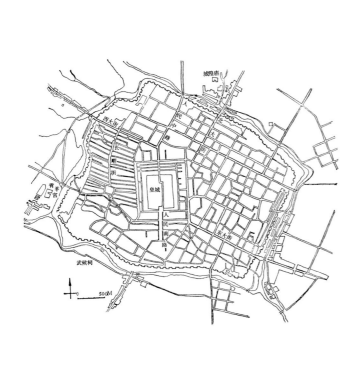

图2-10 成都城规划示意图

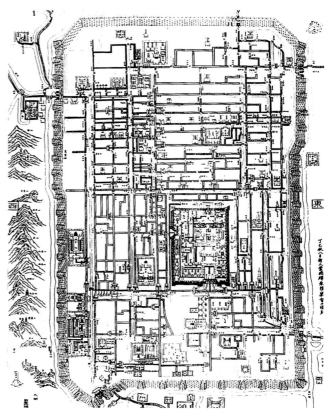

图2-12 宋平江府图（今苏州）

图2-11 清明上河图（局部）。

表现宋代城市商业繁荣的景象

第二节　从文艺复兴到产业革命后的城市设计

一、两个潮流

中古时期以后的城市设计，就其思想和做法而言，最为重要而且影响后世至今的，主要是两个潮流：一个是巴洛克时期，或者可以说是"巴洛克式的城市设计"；另一个是理想主义的"田园城市式的城市设计"。前者的思想来自统治阶层的意愿和需要，后者的思想来自具有社会改革精神的先驱思想家。一个来自"上面"，另一个来自"下面"。由于权力和财富集中在"上面"，因而前者往往成为主流，后者为了实现其理想，不断奋斗，要克服很多困难和障碍。这两个潮流的共同点是：它们都是在一定的经济、社会和科学技术发展的背景下产生，都在一定程度上反映着这种时代背景的要求。

二、巴洛克时期的城市设计

谈到巴洛克时期，背景要从欧洲的文艺复兴和它的启蒙作用说起。经过中古时期漫长的历程，欧洲很多国家（包括意大利、法国、德国等）经济有了发展，生产力随着技术的发明和革新而提高。新兴的商人阶层组成的同业公会、行会等影响政治和教会的统治，令人窒息的空气逐渐被打破，思想开始活跃，人权向神权发起了挑战，各种文化形式开始萌发新芽，反映在建筑形式上，唤起了对希腊、罗马形式的回归。文艺复兴式的建筑取代了高直式而逐渐成为主流。这个时期的一些杰出艺术家同时又是建筑师。在城市设计上，一些经济、文化比较发达的城市，如佛罗伦萨、威尼斯、

罗马等，人口增长，城市扩大，建设了新的宫殿、官邸和广场（著名的圣马可广场、圣彼得广场都是在这个时期完成建设的），而贸易和运输的发展需要扩展道路，改变中古时期的城市结构，如16世纪罗马城的改建规划就出现了笔直的干道，放射式地通向城市的重要节点。这种形式是对中古时期城市模式的延伸和改造（图2-13）。这个时期出现了著名的建筑学家阿尔伯蒂（Alberti）和他的著作《论建筑》（1485年），他提出城市设计的原则是：便利和美观。这与神权至上的设计思想是对立的。

历史学家一般把文艺复兴分为三个时期：早期（15世纪），以佛罗伦萨为中心；盛期（15世纪末～16世纪初），以罗马为中心；晚期（16世纪中～16世纪末），以威尼斯、伦巴第等为中心。17世纪～18世纪中期，欧洲进入巴洛克时期，巴洛克后期还有一个所谓洛可可时期。巴洛克并不是以政治、经济划分的时期，它反映了社会意识形态，包括文化、时尚、风格等各个方面。这个时期起始于意大利，继发于法国。就城市设计而言，法国的影响最大。

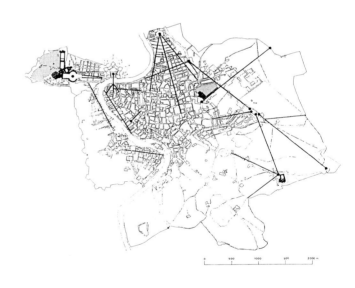

图2-13　16—17世纪罗马城改造规划

权力和财富的集中，是巴洛克时期（大体上也是政治上的绝对君权时期）最重要的基础。皇帝、贵族们夸耀奢华的生活支配着社会意识和风尚，表现在建筑形式上，人们不满意古典、呆板的形式，而追求一种浮华的、圆滑多变的风格。在城市设计上，充分体现统治阶层的喜好和意图，追求宏伟的形象，夸大的尺度，华丽的风格，豪华的排场。常用的手法是采用轴线对称的布局，几何图案式的绿地，周围布置喷泉、雕像，烘托出占显要位置的主体建筑——宫殿或官邸。突出的例子如法国的凡尔赛宫（17世纪后半期）（图2—14）。这种风气传遍法国、意大利、奥地利等国的首都和重要城市。L·芒福德认为，巴洛克宫殿对城市有直接的影响，它把宫殿奢逸的生活带到城市的各个方面。这不

能不影响城市的设计。城市中出现游乐性花园、博物馆、动物园等等，这些都是中古时期城市所没有的。16世纪轮式车辆在城市中使用，交通方式的变化和军队列队进行的需要，使巴洛克城市设计中又长又宽又直的大街成为一种特征。这个特点集中体现在1853年奥斯曼为巴黎大规模改建的规划之中（图2—15）。这个规划虽

图2—14　法国凡尔赛宫　　　　　　　　　　(1)鸟瞰　　　　　　　　　　　　　　　　　(2)总平面图

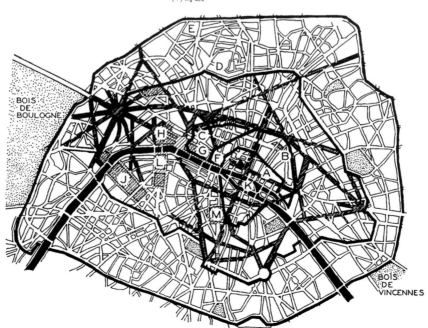

图2—15　奥斯曼于1875年所作的巴黎改建规划：黑色道路系新开的街道

然是 19 世纪做的，但充分表现出巴洛克的思想精髓："把城市的生活内容从属于城市的外表形式"[①]。为拿破仑纪功的凯旋门矗立在由 12 条放射路集中的星形广场上（图 2-16）。几何图案式的结构形式，宽敞的林阴大道，沿街整齐排列的建筑，给人以秩序和美感，尽管它常常把城市功能和人民的生活抛在后面。

巴洛克城市设计的思想和实践，是西方近代城市设计史上极为重要的"成就"和"财富"。尽管后来它受到现代主义、人文主义思想的激烈批判，但是它仍然影响广泛而又深远。同时期的华盛顿（图 2-17）、圣彼得堡、东京、新德里、维也纳、柏林、芝加哥等大城市的规划基本上都是巴洛克式的。19

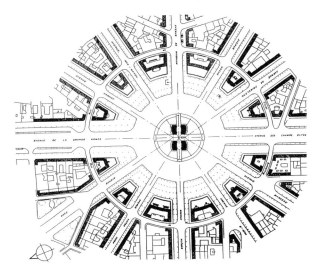

图 2-16　巴黎的星形广场与凯旋门　　　　(1)总平面图　　(2)鸟瞰照片

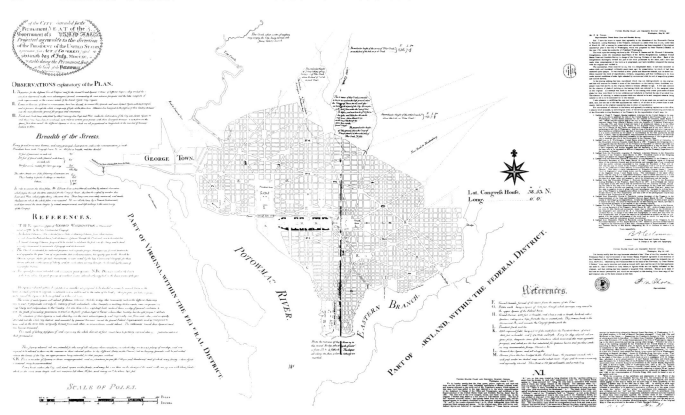

图 2-17　L·郎方于 1791 年所作的华盛顿首都区规划（原稿）

[①]　（美）L·芒福德著.倪文彦，宋峻岭译.城市发展史.

世纪末从美国芝加哥兴起的"城市美化运动"也是受巴洛克的影响。任何城市，只要具备权力和财富这两个基本条件，执政者头脑中浮现的城市形式，首选的可能就是带有巴洛克味道的形态。一代又一代的建筑师和规划师，从建筑教育起，就深受巴洛克城市设计传统的影响，他们不一定接受巴洛克的思想，但往往把它当作一种习惯的构图法则和方法。直到今天，在几千公里外的中国还是如此。这就是为什么直到20世纪，所谓"纪念碑式"的城市一直存在着的一个根源。可以说，巴洛克的"幽灵"始终在地球上空徘徊。

三、从"理想城市"到"田园城市"

这是近代城市设计的另一种重要潮流。

理想城市的观念，早在15～16世纪的意大利就已出现。1464年的菲拉雷特（Filarete）、1516年的莫尔（More）、1593年的斯卡莫齐（Scamozzi）以及阿尔伯蒂等人都提出过"理想城市"的布局模式（图2-18），其中以莫尔为"乌托邦"首都阿莫洛特（Amaurote）的设想为典型。阿城是乌托邦54个城镇之一，它与周围城镇的距离不超过8km。城市为正方形，分为4个区，街道既方便交通又能避雨，每个住宅围以绿带，内院宽敞，等等。其他的理想城市还十分重视防卫和安全，把中世纪的多边形城堡与方格路网、市场、绿化相结合。这些理想城市都是把对现有城市的批判和对理想美好城

市生活的憧憬结合起来。但共同的特点是与社会、经济的实际相脱节，因而没有或很少有实现的可能。

18世纪中期的产业革命和资本主义的生产关系，包括政治制度的出现，是13～18世纪生产力发展和很多技术发明的结果。商业和工业的发展，造就了欧洲很多城市的人口急骤增长和进入工业化时代。市场成为城市的一种主宰力量。资本主义的贪婪和对金钱与权力的迷恋，对原有城市起着破坏力的作用。它摧"故"创"新"，破坏了"旧"的空间关系和社会平衡。它的"新"，包含着一系列新出现的城市问题：不断增长的工人阶级，他们的居住、卫生、安全、贫困以及生活的一切状况（图2-19）。工厂的生产和规模不断扩大，它们的烟尘，废水，货物和原料的运输，都是原有城市从未遇到的新问题。另一方面，资本主义的商业、金融、保险业等越来越占据着城市的重要位置。城市中的富人们越来越富，他们的生活和居住需要舒适和享受，豪华的住宅，良好的环境和绿化，依然在富人区存在。但

图2-19 19世纪～20世纪初期英国工业城市景况
(1)19世纪伦敦贫民区的景象。画家Gustava Dore(1872年作)

(2)20世纪初英国Middlesborough工业城市的人群

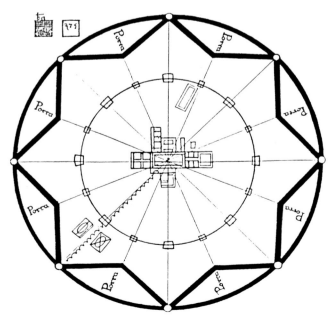

图2-18 费拉锐特的"理想城市"(Sforzinda)

是这并不能掩盖城市穷人区丑陋的面目已达到前所未有的程度。这个时期，解决城市的社会问题，包括住房、公共卫生、交通、燃料等，似乎远比设计城市来得重要。而且在资本主义的初期，权力和财富都比封建集权时期分散。巴洛克时代，只能是对"历史辉煌"的一种美好回忆。

19世纪初，欧洲出现的空想社会主义思想是当时背景下的一种社会改革思潮。他们批判资本主义和它的城市。空想社会主义思想家提出"理想国"的主张，实际上是一种新型的"城市社区"的设想。这种理想城市是建立在没有阶级对立的基础上，离开现有的大城市，在乡村地区建立一种新型的、规模不大的、人们共同和谐生活的社区。英国人欧文甚至在苏格兰的新拉纳克（New Lanark）建立了一个实验区（1800～1810年）。19世纪中期，英国也有几位具有改革精神的企业家在伦敦外围建设一些规模不大的工人城镇[①]，也是一种带有创新的实践。

19世纪末英国人E·霍华德撰写并于1902年出版的《明日的田园城市》一书，提出了一种作者称之为"社会城市"的主张。他集中了社会改革和各种理想主义的思想，结合他自己在美国的观察，提出"田园城市"应该是一种吸取城市和乡村优点和摒弃它们缺点的新型城镇。这种城镇人口规模不大，呈圆形，道路呈环状，围绕中心分布着合理密度的住宅区，有很好的绿化。如果需要，若干个田园城市可以组合成一个群体。那时已经发明了铁路，因此城镇中有一条环形铁路（图2-20）。"田园城市"不同于15世纪的"理想城市"，霍华德设计了一套适应当时社会的实施机制，并且付诸实践。实际的效果使这种设计思想不胫而走，一直传播下去（虽然往往被误识和"异化"）。在当时的世纪之交，也是现代城市"开端"之初出现的这种设计思想既是近代的，也是现代的，其精神不断流传，直到今天还有它的生命力。

四、明清以来和半殖民地半封建社会的中国城市

中古以后，欧洲从文艺复兴到产业革命，经历了从封建主义到资本主义的过渡，生产力得到很大发展，从生产关系到意识形态的各个方面，从城市的建设和反映这种变革的城市设计都经历了深刻的变化。这个时期，中国的明、清两朝还处在封建制度牢固盘踞的

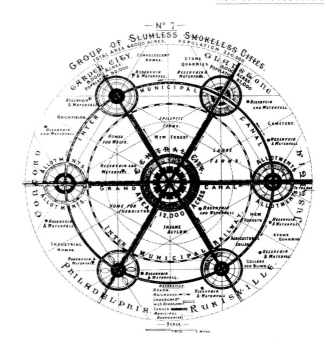

图2-20　英国人E·霍华德1902年提出"田园城市"概念，若干个田园城镇组合成"社会城市"

状态。占统治地位的主流意识封闭僵化，商业贸易发展缓慢，城市中开始出现的新兴产业得不到发展，初期萌发的资本主义因素和变革企图，一经露头就被扼杀。明朝初期建设的大都城，先是南京，后是北京（1426年），取得城市设计的辉煌，后来就逐步衰退。清朝中后期与世界开始有较多的交流。重大的城市建设，基本上是皇家的建设，如清康熙年间的承德离宫，乾隆年间扩建的北京圆明园，光绪年间重建的颐和园等大型皇家园林的设计都达到很高的水平，与欧洲同期的巴洛克时代异曲同工。圆明园还有欧洲的园林设计师参与设计，把巴洛克风格带到了中国。19世纪中期以后，中国逐步沦为半殖民地半封建社会，直到1949年。这段时期，有所发展的中国城市，在城市规划设计和建设管理上，无不打上外国侵略者的文化烙印。哈尔滨的旧城区是俄国人设计的；大连也先是俄国人、后是日本人设计的；长春是日本人设计的；青岛是德国人设计的；上海、天津则是多国的设计（图2-21）。无论哪个国家，基本上都是把当时欧洲流行的风格和手法搬到中国，基本上抹杀了我国自己的城市设计传统。另一方面，这也和中国近代以来，经济和科技落后，社会日趋衰退，缺少自己的城市设计人才有关。

---

① P·霍尔著.邹德慈，金经元译.城市和区域规划，中国建筑工业出版社

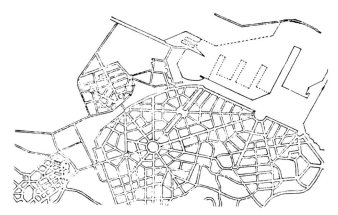

图2-21 19世纪末至20世纪初外国人在中国做的城市规划设计
(1)大连规划图(1900年)

(2)哈尔滨中央大街(俄罗斯风格)

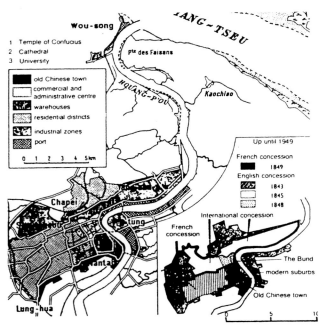

(3)上海的外国租界分布图

第三节　现代的城市设计

一、现代城市设计的起始背景

经过产业革命后的100来年，生产力的发展和科学技术的进步，达到了前所未有的水平。19世纪，特别是后半期，一系列的技术发明，极大地提高了生产水平和效率，也极大地改变了人们的生活面貌，可以说对城市的物质形体从空间结构、形态以至功能、运转，全面地带来了冲击和影响，同时也相应地改变着人们对城市的认识和观念。简单列举一些19世纪的主要发明：1804年蒸汽机用于船舶，1825年造成蒸汽机车，改进了运输工具；1830年有了第一条铁路线，火车就逐步替代水运，成为城市之间的主要交通方式，而后又进入了城市，1865年伦敦建设了第一条地下铁路；1886年发明了汽车，但是到20世纪初才开始在城市中使用，而今已成为影响城市结构最重要的因素之一；早在1780年就发明了火力发电，电成为城市的重要能源，电灯取代了煤油灯，电是工业的动力，使制造业提高到新的水平；电车早于汽车，取代马车成为城市公共交通的工具；电话、无线电也发明于这个时期，它使信息传媒进入一个新的时代。这些技术应用于城市，是构成现代化城市的重要物质基础。19世纪后期也是建筑技术发生"革命性变化"的哺育期。自1855年发明炼钢的方法后，钢材逐步用于建筑，钢筋混凝土于1890年已广泛应用于建筑构造。1894年美国芝加哥开始设计了最早的钢结构的8层高楼(图2-22)，为建设立体式的现代化城市准备了条件。

另一方面，产业革命后的城市，社会条件仍然很差。特别在公共卫生住房和市政管理等方面。伦敦1854年发生霍乱大流行，促使英国在1875年通过《公共卫生法》，接着又制订了住房、建筑、道路等管理方面的规章。1909年英国通过现代社会第一部城市规划法规《住宅与城市规划法》。这些标志着资本主义的城市经历了初期阶段后，已进入了与过去不同的法制和管理阶段。

在城市规划和城市设计方面，一些有创见的设想和实践不断出现，除了上节提到的"田园城市"理念外，如美国人F·L·奥姆斯特德（F·L·Olmsted）1858年为纽约曼哈顿中心设计的中央公园（3km²）（图2-23）

图 2-22 芝加哥 Brewster 公寓。
建于 1894 年，最早运用钢构架的建筑物(高 8 层)

图 2-23 纽约曼哈顿中央公园

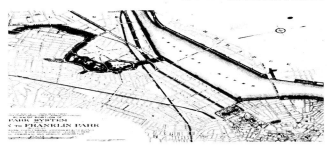

图 2-24 波士顿城市公园绿地系统图(1896 年)

和以后为波士顿设计的城市绿地系统（图 2-24）都开创性地体现着生态景观的思想。1901 年美国麦克米伦委员会（McMillan Commisson）为华盛顿中心区设计的林阴大道（Mall），也是一个成功的实例（图 2-25）。西班牙人索里亚·Y·马塔（Soria Y Mata）受当时

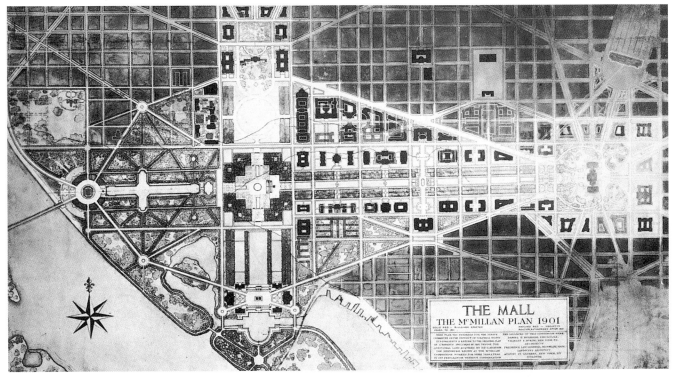

图 2-25 华盛顿首都特区中心林阴道设计图(1901 年)

31

铁路线的启发提出沿主要交通干线发展"带形城市"的设想（图2-26），1900年T·加尼耶（Tony Garnier）关于在里昂附近建设有明确功能分区的"工业城市"的构想（图2-27）等，虽未能完全实现，但都对现代城市设计有较大的影响。正如前述，巴洛克城市设计的思想和方法，在这个时期仍然起着影响，如1893年美国芝加哥借纪念哥伦布发现新大陆400周年举办博览会之际，对城市湖滨、建筑、道路等进行修饰的"城市美化运动"被批评为重外表形式，轻功能内容，以及D·伯纳姆（D·Burnham）所做著名的"芝加哥规划"（图2-28），包括他的名言：不要做小的规划，因为它们不能激动人心[①]。这些都是巴洛克思想的一定反映。

二、现代城市设计潮流的多元特征

20世纪是一个神奇的世纪，除了两次世界大战外，经济的增长和科技的进步是人类历史上无可比拟的。世界城市化的速度和广度也是前所未有的。世纪初，全球总人口仅13.3%（2.2亿）为城市人口，到1990年接近20世纪末，城市人口已占全球人口的42.6%（22.3亿）[②]，总量增高10倍。城市建设的总量规模是惊人的，其中包括城市数量的增加，规模的扩大和空间形态的巨大变化。城市设计获得了广阔的施展空间和天地。

从20世纪开始，现代城市设计思想和风格的潮流呈现出明显的多元化特征[③]。以重功能为主的现代主义在前50年（二次大战前）占据主流的地位；二次大战后从1960年代开始，人文主义的设计思想和1980年代后环境意识的崛起，影响着以人文、环境为主的设计思想抬头。如果以一种设计思想为主要潮流，它们又往往相互交织。特别在近二十来年，表现在一些设计实践中，常常是多元的。现代主义和人文主义这两种设计思想各自都在发展，甚至巴洛克的"幽灵"和"田园城市"的异化也交织其间，所有这些有时又带有一点所谓"后现代"的烙印。为叙述方便起见，在时序上大体以二次大战前和二次大战后划分。

（一)20世纪前半期的现代主义设计思想及其在后半期的发展

20世纪的城市设计，就总体而言，现代主义始终

处于强劲的主流地位。世纪初（1904年）汽车开始在城市中使用，由于它的灵活、方便、快捷，很快就成为城市中主要的交通工具，这在美国城市尤为明显。汽车很快对城市的空间结构（包括道路、土地使用分区以至形态）产生影响和冲击。到了1980年代，美国城市的汽车拥有率已经到了很高的水平（每100人超过70辆）。汽车非但改变了原有城市的交通方式，而且改变了城市的生活方式。城市中另一个巨大变化是城市功能的多样化和复杂化。这两个因素极大地影响着当时的城市设计思想。另一方面，20世纪初"现代建筑运动"兴起，现代建筑的出现，很大程度上改变

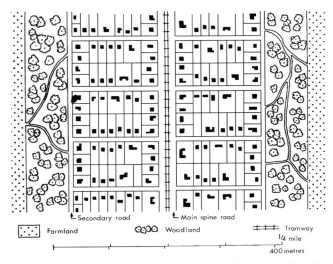

图2-26　S·马塔"带形城市"设想

图2-27　1900年代巴黎还处在"马车时代"，而"工业城市"的构想也在同一时期提出

---

① L·芒福德著，倪文彦，宋峻岭译.城市发展史.中国建筑工业出版社
② 周一星.城市地理学.商务印书馆，1995
③ J.Barnett认为城市设计的四个理论传统是：纪念碑式的设计（Monumental city design）；田园式和花园式城郊(Garden suburbs and garden cities)；现代主义城市设计（Modernist city design）；巨型结构（The magestructure,or the city as a building）

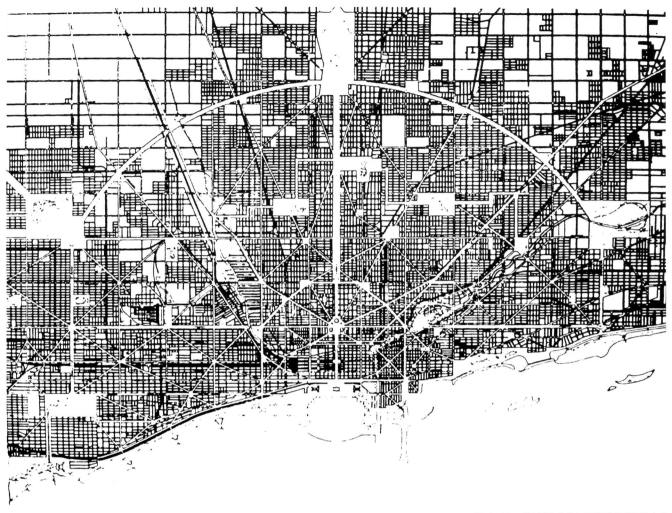

图 2-28　伯纳姆"芝加哥规划"(1909 年)

了建筑的面貌和技术，它适应了建筑工业化的需要，满足了城市人口急剧增加，而高层化的现代建筑又能节约土地的需要。高层建筑和花园式的城郊住宅区几乎同步地在美国出现。1920 年代，纽约华尔街已建设起了 102 层的帝国大厦摩天楼。1922 年现代建筑大师 L·柯布西耶发表了一个容纳 300 万人的巴黎改建方案（图 2-29），建设几十栋 60 层的高楼，采取立体式的道路系统构架，并留出 90% 以上的土地进行绿化。这个方案集中体现了现代主义的城市设计思想。J·巴尼特（J.Barnett）还对此作了有趣的分析：强烈轴线和带有对角线的路网是"纪念碑"式的"遗风"；外围的绿带则是"田园城市"的影响。该方案虽未实现，但是以高层建筑为主体的城市设计，在美国城市，后在东南亚、日本和中国（包括香港）的蔓延，给人们造成一种高层即现代化城市的"误识"（图 2-30、图 2-31）。但是柯布西耶建议空出 90% 以上的土地进行绿化却从未被接受。

关于对汽车交通和分区的问题，现代主义城市设计的贡献主要有：1928 年美国人 C·佩里（C.Perry）提出"邻里单位"或"扩大街坊"的模式（图 2-32），旨在避免过境的汽车交通干扰住宅街坊的安全和破坏居住安静，这种形式一直沿袭至今，为我国居住小区的"原型"；同年美国建筑师 C·斯坦（C.Stein）在新泽西设计了雷德朋邻里（Radburn），引用了尽端路（Cul-de-sac）系统，适合低层住宅带私人汽车者居住（图 2-33），以致成为很多国家郊区化居住区的一种设计模式；1930 年德国埃森出现了第一个在城市中禁止汽车进入的"步行区"，而后（特别是二次大战后）在很多国家的城市中建设了大量的步行区、步行街，既有为商业用的，也有为观赏休闲的（图 2-34）；1940 年英国人 A·特里普（A·Tripp）提出适应汽车交通的城市道路分级原则（图 2-35），用输配交通量的概

33

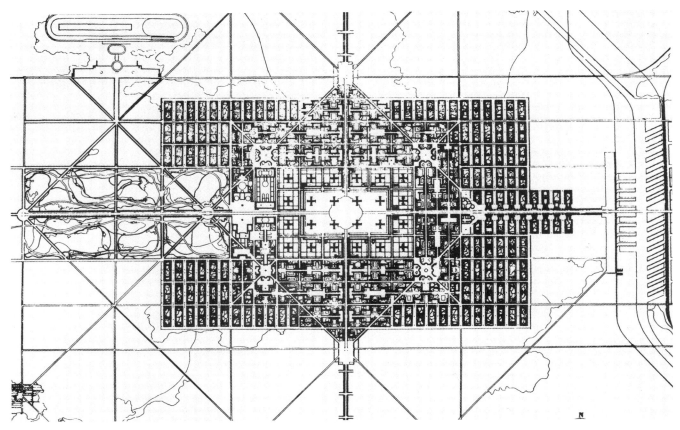

图2-29 勒·柯比西耶1922年提出的"明日的城市"方案（300万人口）

图2-30 美国曼哈顿的高楼和街道

图2-31 （1）香港中环天际轮廓线夜景之一

（2）香港中环天际轮廓线夜景之二

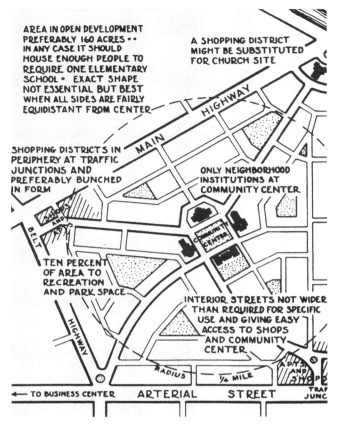

图2-32 美国C·培里的"邻里单位"图解

图2-33 美国新泽西雷德朋社区设计,成为一种人车分流的住区"模式"

(1)荷兰某步行商业街(宜人尺度)　　图2-34 步行商业街(区)

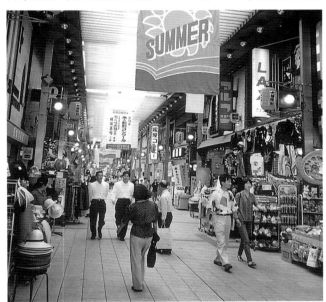

(2)日本名古屋"大须观音"

(3)北京王府井步行商业街

35

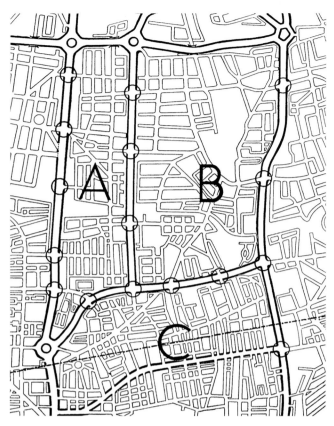

图2-35 20世纪40年代英国人A·屈普提出的城市分区和道路分级的建议

念,将道路分为主干道、次干道、支路,成为现代城市平面路网的基本构架。但是尔后随着汽车交通的增长,大城市中又出现了全封闭或半封闭式的快速道路、高架道路和地下道路以及各种平面的或立体的交叉方式。交通设施,包括停车场占据了越来越多的城市土地和空间,成为现代城市的一个突出特征。1933年由国际现代建筑协会(CIAM)通过的《雅典宪章》反映了这个时期的城市设计原则,特别是总结了现代城市的四大功能:居住、工作、游憩、交通,长期以来影响着城市的规划和设计。

20世纪后半期,随着二次大战后,城市经济的发展、生活水平的提高,城市功能的增强和科技的进步,现代主义的城市设计比世纪前半期有了更大的发展,到达了前所未有的高度。概括起来,有以下几个特点:

1.立体化:

(1)高层建筑在很多国家的大城市蔓延,超高层建筑(还包括大型电视塔等)的高度达到400m以上,成为空间的标志。

(2)立体的道路交通体系(高架-地面-地下)进一步发育,在有的城市已结成网络。

(3)地下空间的开发,如蒙特利尔地下城建筑容量达400万m²,大阪正在建设可容纳50万人的地下城。

2.大型化:

(1)多功能、综合性巨型建筑的出现,建筑面积可达到100万m²以上(如已毁的纽约世界贸易中心,图2-36),巨型建筑往往与超高层结合,成为新的"城中城"。500~800m高的摩天大楼已在计划之中,包括"插入式"城市(Prug-in city)的概念等。

(2)大跨度的公共建筑,如体育馆、会展中心等,成为城市的重要"视点",高级合金材料与新型结构形式结合,可以达到320m的跨度,如伦敦千禧年穹顶(图2-37)。

(3)大型交通运输设施,如大型立体交叉,大型国际航空港,大型码头,包括离岸式的大型港口,大型铁路枢纽,而且结合城市的多种功能进行综合开发,成为城市空间中一项重要的因素(图2-38)。

3.高速化:(1)大城市的封闭式快速道路穿越市区,与平面的常规路网相结合,可成倍提高车速。

(2)大运量轨道交通安全、快速。

(3)已开始出现速度更快的交通方式,如上海浦东的磁悬浮列车,车速可达400km/h以上。城市的高速化大大缩短了城市中的"时空距离"。

图2-36 纽约世界贸易中心—超高层摩天大楼

图 2—37　大跨度建筑　　　　(1)伦敦千禧年穹顶(直径 320m)

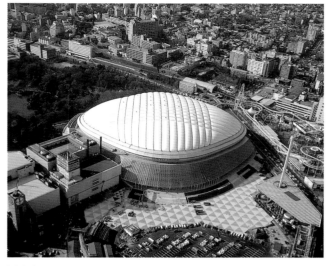

(2)东京 Dome(直径 200m)

图 2—38　立体式的道路交通系统　　　(1)上海的高架路立交桥

(2)北京亚运村附近的高速路立交桥

(3)北京二环路上的汽车流

4.智能化：

(1)信息网络化的普及对城市各方面的影响，包括办公、交通、生活、教育等愈来愈广泛[1]。

(2)智能化管理已得到广泛运用，出现了智能化办公楼、住宅，智能化居住小区，智能化交通管理等。

以上四个特点与全世界巨型城市的大量增加，起着相互促进的作用。据统计世界上人口在 700～800 万以上的巨型城市，1950 年只有两个，到 2000 年已增加到 25 个。今天的城市设计，已经不能回避现代城市，特别是大城市已经高度发达的技术和功能，而且在 21 世

[1] "微软－全国广播公司"宣传报道："当今世界，一座城市如不跟踪最新观念，将技术运用到极限，明天它就可能成为一座鬼城。"

纪还将继续发展下去。

（二）20世纪后半期兴起的人文主义思潮和环境意识

二次大战后，经过恢复重建，欧美国家的城市经济从1960年代起进入了一个新的时期。特别在1960～1970年代，城市中很多所谓"传统的"制造业开始衰退，新兴的第三产业（现代服务业）逐渐兴起。城市经历了从1930～1940年代就已开始的"郊区化"后，面临着旧城中心区的"空心化"现象。有的国家，如英国开始调整规划政策，把重心转移到旧城中心区的重新振兴上来。城市中第三产业的发展和经济结构的调整是20世纪以来对城市空间结构的第二次影响和大冲击。总之，人们不可能，也不愿意被理想主义完全拉到郊区去，而要回过头来重新认识城市，整治城市，改造城市。城市设计在新的背景下被重视和重新认识。因此，有不少学者认为现代城市设计始于20世纪60年代，有一定的道理。

20世纪初霍华德的"田园城市"理念，在现代主义背景下，既显得与之相悖但实际上却往往被误识和异化。人们仅从表面上认识"田园"，也可译为"花园"。因此，几乎从1920年代开始，"花园式郊区"（Garden Suburb）就已出现，接着就是从1930～1940年代起，特别在美国，郊区化的大规模蔓延。大部分是自发的，谈不上很好的规划和设计。经过几十年，美国人一方面不得不住在郊区，另方面越来越感到郊区化的缺点。在诸多问题中，缺乏"城市味"（Urbanism）是重要缺点之一。英国在1944年由P·阿伯克龙比所作的著名"大伦敦规划"中，受到"田园城市"的某些影响，为了疏解大城市，在伦敦的绿带外规划了一圈"卫星城镇"。二次大战后，英国政府通过立法，支持这些新城镇的建设。这些城镇都有很好的城市设计。1970年代停止了这个建设"运动"，其不成功之处不在设计本身，而在经济和人文社会方面。

另一方面，从20世纪初，一批生态学家和城市学者就开始关注和研究城市发展的规律和城市生态问题，如P·格迪斯（P.Geddes）于1915年出版的《演变中的城市》等。他的名言："按事物的本来面貌去认识它，按事物的应有面貌去创造它！①"可惜没有对城市设计师产生多大影响。1960年代以后，一些社会学家，包括建筑师，开始对20世纪以来"伟大的"人造城市发起了批判，认为"同那些充满生活情趣的古城相比，我们现代人为地创造城市的尝试，从人性的观点而言，是

完全失败的"，"至关重要的是去发现赋予这些老城生命的特征，并使其在我们的人造城市中得到发扬。②"C·亚历山大认为一个自然城市（那些老城市）有着半网络结构，而当人为构成城市时，采用了树形结构。他的这种设计思想为后现代建筑的理论家，如C·詹克斯（C·Jencks）所赞赏。另一位社会学者J·雅各布斯（J·Jacobs）在她的名著《美国大城市的生与死》中也发表了对现代大城市的批判，提倡人性化的街道和空间。这些思想一脉相承，影响到如"城市村庄"（Urban Village）等概念③的产生，主张重视人的需要、人的尺度（图2-39），提出"小就是美"的观点；主张土地的

图2-39 宁静的英国小城镇生活氛围　　(1)安享晚年

(2)悠闲漫步

---

① 金经元著，近现代西方人本主义城市规划思想家。
② （美）C·亚历山大著，顾小婴译.城市并非树形。
③ Urlan Villages Group，Urlan Villages.BAS printers Ltd.

混合利用，反对"纯化"的功能分区，这种思想反映在1977年发表的《马丘比丘宪章》中；重视步行环境的创造；倡导社区规划和设计，以至1990年代美国出现的"新城市主义"（New Urbanism）等，都是这条思想脉络的继承。这种思想与二次大战后更加重视城市历史文化保护的观念相结合，表现在城市设计中十分重视保护老的街区和老的街道，甚至不惜重金改善内部设施，也要保留旧街道、旧建筑的立面（图2-40）。

图2-40　令人难忘的老街道　　(1)广西某城市一条普通的老街道　　(2)德国某城镇的一条老街道

(3)加拿大某城镇的一条老街道　　(4)杭州河坊街旧街保护更新

(5)英国某工业城市的一条老街道　　(6)重庆鼓楼巷

1970～1980年代环境危机的加剧唤起了人们的环境保护意识，城市的生态问题，与自然环境的结合问题，被提到重要的地位。据1993年的民意调查，美国有1/7（3600万）人是"生态保护主义者"。这种趋势反映到城市设计中来，表现为一种"绿色运动"。例如欧洲出现了"非机动化"运动。法国奥夫纳教授曾说：我不担心"光有城市没有汽车"，担心的是"光有汽车没有城市"。提倡公共交通、提倡自行车，城市道路上设置公共交通专用道（如巴西的库里蒂巴(Curitiba)市）。在信息化愈益普及的今天，甚至提出"多使用网路，少使用马路"的口号。在城市的生活方式上提倡"追求简朴，回归自然"。I·L·麦克哈格(I·L·McHarg)所著《设计结合自然》是一部有影响的著作，他主张人工建筑要和山、水、地、景相结合。生态环境问题在1980年代末升华到了"可持续发展"的战略。近10年来关于"可持续发展的城市设计"在理论和实践上均有不少探索。但是还缺乏较成熟的实例。

人文、环境主义在现代城市设计上，由于各种原因，仍然表现较弱，但它的思想已经不断渗透和交织在现代主义的设计之中。有两个案例值得介绍：在香港1999年由国际有声望学者组成的评审委员会选定香港20年来优秀城市设计项目中，获得第二名和第三名的是香港中环公园（图2-41）和米浦湿地的规划设计。这两个项目，著者认为都不是完全以技术（或技巧）取胜，而是由于它们的环境意识得到的奖励。特别是后者，几乎没有多少"人为的"设计，只是把湿地用作中、小学生环境教育的场所，这在高度现代化的香港是十分可贵的。城市设计中，有时"少为"，甚至"无为"胜"有为"，这也是现代城市设计的一种新观念。

现代城市设计的方法，比过去以统治者的意志和"专家导向型"自上而下的做法，也有了变化。这种变化是与人文主义的设计思想相联系的。一是"从民众中来"。了解民情，调查民众对城市物质形体的印象和感受（这是K·林奇在《城市意象》这部名著中所采取的基本方法），然后再变成设计创作的依据和素材。二

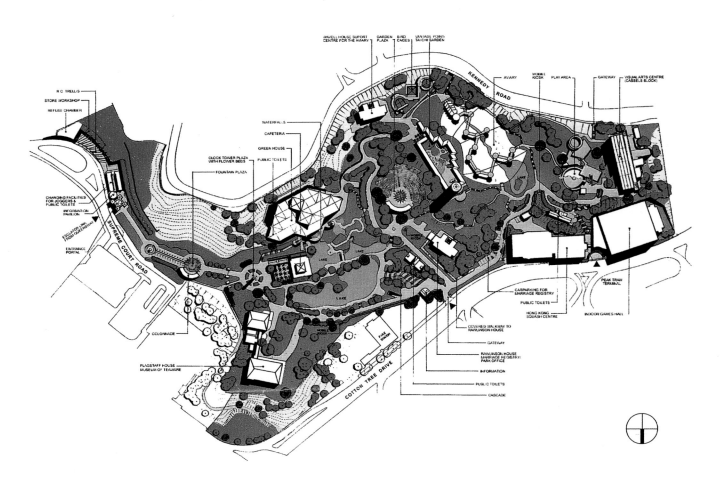

图2-41　香港中环小公园

是民众参与，有机设计的做法。《城市设计新理论》①一书介绍了美国加州大学伯克利分校一组建筑师，在旧金山海滨一块场地的开发建设上所做的一种试验。他们摒弃了传统的，一次性"从上而下"整体设计的方法，而是采取渐进式的，分阶段的，有各方面人员参与的，或许可以说是"有机的"设计方法去完成设计，从"局部"逐渐构成"整体"。设计时间随着建设过程拉得很长，显然不适合我国今天的"高速发展"，但其意义却值得人们深思。

20世纪之末的1999年，国际建协第20届大会在北京举行，会后发表的《北京宪章》回顾了20世纪的建筑运动，提出了未来的选择。《宪章》借用中国成语"一法得道，变法万千"说明设计的基本哲理（"道"）是共通的，形式的变化（"法"）是无穷的。《宪章》提出"人居环境"的概念，指出现代城市处在"旧的三维空间秩序受到巨大的冲击与摧残，新的动态秩序仍在探索之中，尚不甚为人们所把握"。提出"充分发挥技术对人类文明进步的促进作用是新世纪的重要使命"。

三、现代城市设计的成败

评价现代城市设计的成败，与评价现代城市和现代城市规划的成败有密切的关系。作全面评价是困难的。总的讲，成就是巨大的。现代的、优秀的城市设计随着工业化的进程为现代城市创造了功能合理、形象堪称优美的城市空间，满足了现代城市各种活动的需要。从整体的城市、地区、场所、街道、广场到每人身边的小品、设施、标识等大量令人难忘的作品，塑造了现代城市的空间和形体。从而促进了城市的经济发展，社会进步，提高了生活的质量，体现了现代的美感，一种融合着技术、工艺、力量、朝气的美，满足了人们物质和精神两个方面的需要。

现代城市设计的教训，往往与现代城市的教训相联系。正如人文主义和环境主义不断批判的那样，人们创造了现代城市的物质和技术高度发达的空间结构，造就了一种庞大的，功能分明的，有时像机器一样的构架：宽大平直的马路，充斥着汽车；高楼入云，尺度超人，使人感到没有属于自己的空间；城市越大，离自然越远；自然的地形、水面、植被被无情地破坏，变成了混凝土的"森林"和地面；历史遗迹被"淹没"，历史街区、街道被拆除，很多城市虽然面貌一"新"，却割断了传统和文脉；对人（绝大多数人）的需要和感受漠不关心，关心的只是所谓现代的气派和形象。设计师的通病，是"见物不见人"，重物轻人，成了现代技术和技巧的"奴隶"。

困难在于城市设计的机制是复杂和多元的。设计师还远没有能够达到真正"自由创作"的地步。想为而不能为。权力和金钱仍然起着重要的支配作用，只不过表现形式与过去不同罢了。总结历史的和现代的经验教训，树立正确的设计思想，取得社会的基本共识，是本书的重要目的之一。

关于现代城市设计，请参阅本书附录一："20世纪世界典型城市设计案例（30例）"（p.107～p.161）。

---

① C·亚历山大等著.陈治业，童丽萍译.城市设计新理论.中国建筑工业出版社

第三章
城市设计的指导思想和原则

第一节　城市设计的指导思想

一、城市设计指导思想的历史演变

设计是属于人的主观世界的一种活动。它要作用于客观世界，让客观世界按照设计而发生变化。城市设计是人作用于城市空间的一种活动，它的目的是要构造一个符合于设计的空间形式。

设计是一种有意识的活动。因此它必须要受一定思想的支配。设计一把椅子，要让人坐得舒服。设计一间卧室，要让人睡得安稳、舒适，要有日照，空气要流通，等等。设计一座建筑、一个场所、一个地区、一座城市，事情就复杂得多。它们除了要满足基本的使用功能外（如同设计椅子、卧室一样），还有社会功能。它们每天都展示在公众面前，"强迫性地"（即无可选择地）让公众看到它们，甚至还要让外来的（包括外国来的）人们看到它们。重要的大城市在今天都是"举世瞩目"的。由于城市有这样的特性，因此历来在城市设计上，存在着一种架乎技术性设计思想（如满足使用功能，基本美学法则等）之上的指导思想，或者可以理解为"理念"的东西。它反映着一定社会形态下，政治、文化、哲学（有时还包括宗教）、道德等意识形态的综合反映。这种指导思想支配着一切。技术、手段、方法、技巧都会受到指导思想的支配，为体现指导思想而"服务"。

第二章简要叙述了城市从古代到现代，从欧美到中国的大致发展过程，看到了一幅并不完整，也不算连贯的图景（全景、全过程的描述是极为困难的）。即使从这样一种片段性的概述中，也可以大致认识到城市设计指导思想的历史演变脉络。这条脉络的基本特征是：

神—权—人

这是一种概括性的表述。这个演变脉络与人类发展的过程大体上是一致的。古代由于人类知识的局限，"神"是至高无上的。出于不同的文化传统，古希腊直接把神庙放在城市的核心地位，居高临下，政权也处在"神"的下面。漫长的中古时期，欧洲政教结合的体制，也充分体现在城市的形态上。教堂是城市最高的标志物，高直式教堂尖顶的建筑形式和狭窄的街道结合，构成神权至上的城市印象，感染人们的精神和心

灵（图3-1）。绝对君权时期，"神"开始让位于"权"。巴洛克式的城市设计强烈地使人感到"权"的存在，"权"的无比威力（图3-2）。中国的古代城市是突出"君权"的。形制是君权的神圣保障。而"君"（天子）

(1)佛罗伦萨大教堂　　图3-1　中古时期的城市教堂俯视一切

(2)伊斯坦布尔的 Haghia Sophia 教堂

图3-2　华盛顿国会大厦

45

又是代表"天"的。"筑城以卫君，造廓以守民"（《说文》）既是中国古代城市的一条设计原则，也是西方古代城市的写照。在"神—权"这个漫长的历史时期，统治阶层和民众是住在城市的两个部分，享用着不同质量的两种空间环境。"人"在现代社会才逐渐提高着地位。为"人"的指导思想虽早在文艺复兴时期就已提出，但实际往往被"权"淹没。在资本主义社会中，"权"转化到"钱"，"钱"往往比"人"重要。这种"商业化"的倾向无处不在，即使在中国，难免也会侵入到城市设计中来（图3-3），常常使"以人为本"成为一句空话。虽然事物的发展总是曲折的，但是应该坚信"神—权—人"的趋势是一种大趋势，也是一种历史的必然。

图3-3 商业化浸入城市肌体 (1)西安钟鼓楼广场的麦当劳广告

(2)兰州东方红广场的酒瓶广告(已拆除)

二、现代城市设计指导思想的发展趋势

第二章阐述了现代城市设计思想的多元化特征，提到了二次大战后，人文主义、环境主义思潮对现代主义的批判。虽然人文主义、环境主义对城市设计领

域的影响还不够强，但是它代表了一种趋势。产生这种趋势的主要背景是：

（一）现代城市在功能日趋复杂，规模日益增长的同时，现代技术构建了巨大的构架，使人们产生冷漠、压抑、厌倦，精神上需要再一次的"解放"。"回归自然"、"重温历史"是这种情绪的反映，"人性回归"成为一种新的倾向。

（二）科学技术的巨大进步，带来高度的物质文明。人类在拥有更大的控制自然能力的同时，破坏自然也达到了前所未有的程度。无情的事实教育唤起了人们的环境意识。

（三）"后工业"社会的到来对社会发生着潜移默化的影响，知识和信息为越来越多的人所掌握。更多的人提高了认识世界，预见未来的能力。

（四）政治上民主化的趋势不断增强。人民对于提高空间环境质量的意愿可以更多地影响决策和参与到城市的设计过程中来。

（五）在全球化的影响下，城市在吸引投资和技术方面的竞争日益加剧。人们认识到高质量的、人性化的城市环境不仅是提高生活质量的需要，也是增强城市竞争力和吸引力的重要手段。

（六）现代城市规划需要解决更多宏观的，涉及区域的经济、社会问题，城市设计从二次大战后逐渐从城市规划中"提炼"或分离出来，成为一项相对独立的工作或学科，从而获得更大的发展余地。

在这样的背景下，预见现代城市设计思想发展趋势的特征和前景是：

（一）"以人为核心"将成为城市设计的基本理念和原则。

（二）城市空间尺度上，"宜人"将更多地取代"宏大"。

（三）设计观念上，从"改造"自然转为"亲和"自然；从"改造"历史旧城转到"新与旧的有机结合"。

（四）在结构形态上，"开放"取代"封闭"，"灵活"取代"僵硬"。

（五）"可持续发展"的概念，"绿色"的概念会更多地渗透到城市设计的各个方面。

三、中国城市设计指导思想的探讨

中国是一个发展中国家，现在还处在为实现现代化和工业化而奋斗的阶段。总目标是：到本世纪中叶全面实现小康社会。中国与欧美发达国家在生产力、科技和教育方面处于不同的水平，文化传统也不相同。但是今天的中国城市，特别是大城市已经遇到很多世界上现代城市相同的问题。欧美城市自20世纪开始100多年间在空间结构上受到的几次冲击，如汽车大量增长，产业结构调整等问题，中国城市在10~20年内都集中地发生了，而且速度比欧美城市快得多。信息化的影响也已经到来。因此，世界上现代城市设计的基本特征和发展趋势对中国城市有很大的影响和借鉴作用。

我国近10年城市设计得到很大发展，但是问题也很多（第一章已有阐述）。所有问题归结起来，首先是要有一个正确的指导思想。虽然在城市设计的技术、方法、手段、技巧方面还缺少训练和经验，但思想正确与否，往往是决定一切的。

一个非常重要的条件是，党和国家近年来十分重视生态环境和城市规划问题。《十六大报告》明确提出了"推进城镇化"的方针，为开展城市设计提供了广大的机会和空间。2001年江泽民总书记在庆祝中国共产党成立80周年大会上的重要讲话中提出："要促进人和自然的协调与和谐，使人们在优美的生态环境中工作和生活。"又提到要"坚持实施可持续发展战略，正确处理经济发展同人口资源、环境的关系，改善生态环境和美化生活环境，改善公共设施和社会福利设施。"这其中提到的可持续发展战略，优化生态环境，包括人和自然的协调与和谐、美化生活环境等，应该是当前和今后相当一段时期内中国城市设计总的指导思想。

城市设计是一项受委托而进行的设计工作。设计人员很大程度上要受业主（政府或开发企业）[①]的影响或干预。正确的指导思想首先应该由业主来把握。公众是城市设计的使用者，在民主的社会中，他们也是真正的主人，正确的指导思想也应该为公众所掌握。只有全社会都统一到正确的思想上来，而不只是局限于设计者和学者，城市设计才能放射出更大的光彩，创造出更多无愧于时代的作品。

第二节　城市设计的设计原则

城市设计由于设计对象的幅度很大，不能用同样的原则去处理不同的设计问题。如果以设计对象的尺度划分，起码可以分成"大制作"和"小制作"两类。

"大制作"是指城市的一片地区、一个子系统、一条地带、一条步行街、一个广场等，有时甚至是一座新城镇；"小制作"是指空间尺度小的，如道路旁小绿地、居住区内休闲空间、街道设施、雕塑小品的空间处理等，这些设计近年来也称"室外环境设计"，实质上应该是一种"小制作"类型的城市设计。

具体问题，具体分析。城市设计不但设计对象有大、小之分，即使同样的对象在不同城市，不同地区，不同的自然、经济、人文、历史、地形、气候等条件下，也会有不同的设计方法。因此，本节阐述的，只是共同的具有普遍意义的六项设计原则：

一、创造舒适、宜人的空间环境

"以人为核心"是现代城市设计的重要思想。创造高质量的空间环境应该是首要的设计原则。舒适、宜人是高质量空间最重要的要求。具体分为：

（一）满足人的使用（或活动）要求——适用为人

空间是容器，是人们活动的场所。容量是否适合活动的需要，是舒适的基本条件。以广场为例，不同季节、不同日期、不同时间，在广场上活动的内容和人数都是不等同的，而且广场位于城市的不同区位，城市中有多少广场，广场的通达条件等也是影响容量的相关因素。空间作为容量要满足活动的需要（图3-4、图3-5）。北京天安门广场1958年扩建时，广场空间（建筑围合面积约43hm²）是按当时节日集会需要（40万人）考虑的。近几年山东某中等城市建设一座面积达

图3-4　天安门广场的集会游行

图3-5 罗马圣彼得广场的集会人群

20hm²的中心广场。如果按最大的集会需要考虑（实际上今天在中等城市已无此需要），可以容纳全市居民还有余。这样的广场显然是过大了。又如上海外滩在整治改造前空间狭小，情侣们晚间去江边谈情说爱非但擦肩栉比，还要事先"抢占位子"，改建后空间扩大，今天在黄浦江傍观景叙情，赏心悦目，深受人民欢迎（图3-6）。

适用，要满足人的多样需要。城市空间和场所的多样性，或者空间职能的综合性，即把多种可以相互兼容的功能组合在一起，既满足人们各种需要，又能缩短交通距离，节省时间，节约土地。如上海城隍庙、南京夫子庙等，是传统的形式。美国城市郊区出现的大型购物、娱乐中心是新的形式。但是除了这种综合性中心外，城市仍然需要其他多样的形式，如传统商业街，多种多样的文化、娱乐、服务设施等。

图3-6 上海外滩步行休闲带的人群

（二）创造宜人的环境和场所——受人喜爱

宜人（amenity），既意味着优美，又令人喜爱。其实包含着功能和形式两个方面，而且这两个方面应得到完美的统一。这个要求是比较高的。它不单纯依靠所谓美观，或者仅仅是空间中有几栋美丽的建筑物，更多是依靠一种空间的氛围。以北京为例，在东长安街的南河沿附近，有一条沟通东交民巷的林阴道（正义路），道路不宽，中间是林阴步道，有一些简单的座椅（图3-7）。相信人们都会同意那是一个宜人的

(1)林阴步道　　　　　　图3-7 北京正义路林阴道

(2)步道一角休憩场所

去处。

场所（place）是城市设计中一个重要的概念。简单理解，场所是具有社会意义的空间。受人喜爱的场所都是人性化的空间。城市中既有传统的，历史形成的场所，也需要创造新的场所。场所既有社会意义就必须有相应的功能：如商业的、文化娱乐的、纪念性的，等等。现代城市中更多的是综合性的。创造空间环境和创造场所结合起来，或者说，空间要有“场所精神”，是以“以人为核心”设计原则的重要体现。不要创造无意义的空间，或不要创造无场所精神的空间（图3–8）。这种空间在城市设计的实践中是存在的，而且往往是败笔。

图 3–8　某市“大尺度”的城市广场——无意义的空间设计

（三）体现“人的尺度”——亲切近人

尺度，既是空间设计的手段，也是空间设计的原则。“人的尺度”是人在长期生活积累中形成的一种适度的标准和视觉印象。例如，卧室的层高（2.8～3m）使人感到尺度适当，它既能满足空间的需要，又与适用的双人卧室面积（15～18m^2）相适应。如果层高设计成4～5m，面积相应扩大，就会感到尺度失当。过去皇帝的寝宫或贵族的寝室可能采取这样的尺度，但它对普通人却不会产生亲切感。

“尺度”存在于城市形体空间的每个部位。有的情况下，“超大尺度”是为了特殊的使用功能或取得某些特定效果而不得不采用（例如北京天安门广场的设计）。但近年来在我国很多城市新行政中心的设计中，往往采取“夸大”的尺度来取得“宏伟”的效果，使人感到威严有余，亲切不足。凡是接近人的地方，都应该注意体现“人的尺度”。所谓有“人性”的空间，体现“人情味”的空间，首先是具有“人的尺度”的空间（图3–9）。

图 3–9　人情味的空间　（1）纽约佩雷广场，尺度虽小、亲切宜人　（2）国外某城镇沿街小旅店门前

(3)英国某城镇街道　(4)波士顿昆西广场旁的街头小憩

(5)孙中山先生塑像"平易近人"　(6)纽约某社区各种肤色儿童共同游戏的场所、朴实无华

(四)动态的设计观念——人景交融

静态的设计观念往往只重"物"(物质的空间形体),而看不见人对空间的动态作用。人既是空间的使用者,又是空间的观赏者,还是空间中一个动态的构成要素。已故著名学者陈从周教授,当学生与他讨论认为苏州园林的色彩是否过分淡雅时,陈教授认为如果把在园林中活动的"红男绿女"考虑进去,就是一幅生动而多彩的图景了。生活确实如此。生活中的空间与图板上的空间不同之处就在于:人景是交融的。《不列颠百科全书》城市设计条目提到的"看热闹"(图3-10),我们日常提到的"人看人"和"人气",都是同样的意思。

图3-10　人们喜爱的空间场所　(1)柳州某公园的"刘三姐歌台"　(2)北京美术馆前小广场下棋消遣的人群

(3)美国西雅图滨水区台阶上休闲的人们

二、尊重自然，结合自然

"人和自然的协调与和谐"与中国古代"天人合一"的理念是一脉相承的。城市设计致力于人造环境的创造，但与自然有不可分隔的联系。

什么是自然？自然包括大气、水体、土地和生物。大气和水，是维系人类生命的必要条件；土地是城市作为一种物质实体的载体；生物是与人类生长在同一生物链上的伴侣，相互依存，相互联系。具体到城市设计而言，与自然的协调和谐，主要表现在：

（一）亲和山水

很多城市依山傍水。山可挡风，提供绿被，蓄养新鲜空气，在生产力水平低下时期还提供人们一部分燃料。山可供观赏，"仁者乐山"，山益人心智。山形多变，常常是城镇空间的背景或屏障。水（江、河、湖、塘）是城市的一种资源，水产品是人们的主要食品之一，水体又是城市的一种运输通道（古时更显重要）。遗憾的是，直到现在，水体还得承担城市稀释和排除污物的作用，而且常常超过合理容量造成污染。"智者乐水"，水使人心情平和、悦目舒畅，有人说：城市有水就有"灵气"（图3-11）。"亲和"山水而不"侵犯"山水，"显山露水"而不"阻山挡水"，是重要的设计原则。但是在不同的"山、水、城"的空间关系下，如何创造好"亲和山水"的城市空间，还要靠设计的经验和技巧。近年来国内不少城市很重视滨水地带的开发，但是有两点偏向值得注意：一是不要把交通干道建在离岸

(1)深圳大鹏湾小梅沙的青山、绿水、沙滩

图3-11　水与城市

51

(2)俄国圣彼得堡涅瓦河畔

(3)澳大利亚墨尔本河岸夜景

太近的地方，尽量把临水地带留给绿化和行人；二是不宜一次开发过长（如10km、20km以上）的滨江绿化带，而且沿江断面设计成一种形式，容易显得单调。

（二）巧用地形

城市设计结合自然地形可以创造出丰富多变的空间形象。尽量少"改造"地形，多保留植被是另一项尊重自然的原则。山地、丘陵、浅坡都是可以用作开发建设的。近年来，很多城市由于利益驱动，图快图省事，往往把原有起伏的地坪全部推平，原有植被（包括树木）全部铲掉，来个"平地起家"，创造出来的却是"千篇一律"的形象。这种"败绩"比比皆是，是非常值得惋惜的事情。

（三）绿色空间

在城市空间结构中，加大绿量，扩大绿色空间有利于生态环境质量的提高。城市中绿地（或绿色空间）分为两类：一是自然的；二是人造的（即人工种植的）。城区内原生的绿地一般很少，如果有，更值得保护和保留。人造绿地也应该注意乔、灌木植物的合理配置；植物种类的多样；树木、草地、绿被、水面、建筑的合

理比例。近年来一部分广场面积过大的城市，在广场中配置一定比例的绿地，做成小游园的形式，不失为一种创造。既缩小了广场中不必要的硬地面积，又增加了城市的绿色空间，可谓一举两得（图3-12）。

图3-12　包头银河广场结合绿化饲养鹿群，人鹿交流，饶有情趣

（四）控制容量

城市的实体板块愈大，离自然愈远。控制板块面积，尽可能插入绿色空间，仅仅是一种方法，而且主要依靠城市的总体规划。城市设计所能做的是，从设计上注意控制每个地块、地段、地带的建设容量。尽量使绿色渗入到每个空间，包括建筑物之间，以至建筑物之上，如建筑立面和所谓第5立面（屋顶）。只有控制住"硬量"（人工建造的部分），才能扩大"绿量"（更贴近自然的部分）。

三、体现历史的连贯性

（一）城市是一本"凝固的历史书"

任何城市，除了短期内完全新建的以外，都有自己的历史。城市，是人类创造的文明中最为集中，最富创造性，最隽永的成就之一。古今中外，大小城镇，都是这部伟大文明史的一个组成部分。城市是一部"石头造成的"历史书。历史上重大的活动和事件（政治的、经济的、军事的、文化的等等），包括与其相联系的代表人物，大部分都在城市这个"舞台"上演出过，从而构成城市的人文历史资源。城市实体本身又是不同时期人类的创造，体现着当时的经济、技术水平和文化、艺术的特点。这些对于今人和后人，都是重要的遗产，也是城市设计创作上的物质要素和精神源泉。因此，保护历史文化的遗存、遗址，保持城市历史的连贯性，是另一项重要的设计原则。

（二）历史文脉的保护和连贯

历史文脉的连贯体现在城市设计中，比较集中在

三个方面：1.历史空间（市区、街区、地带、地段）；2.历史遗址（残址、原址）；3.历史建筑（完整的、残存的）。对于不同的情况应该采取不同的保护方法。不论做保护地区（地段）的城市设计，或在城市设计项目中涉及保护的对象，都必须首先建立在调查和评价的基础上，不仅保护对象本身，还要适当地保护它们的历史环境，并在保护的基础上考虑它们的合理利用。一座没有历史建筑的城市，是一座缺少文化的，浅薄的城市。

（三）后续者原则

城市中新建的建筑要和周围原有的建筑和环境相协调和统一；新发展的地区要与原有的城市结构，包括道路、建筑、绿地、水系等在尺度上、形式上、肌理上相协调和统一。实质上，这是一个新与旧有机结合的原则，是使历史文脉得以延续的原则。对此原则的理解和实行，不能采取机械的态度。在保护历史文化遗存的前提下，城市总是要新陈代谢的。新与旧的结合，方法上可以是多样的。大体上可分为"调和呼应"与"对比统一"两种。设计得当，都能取得成功的效果（图3-13、图3-14）。

图3-13 新旧建筑的协调建设 （1）英国格拉斯哥市新旧建筑的协调

（2）新建筑与原有环境的有机结合。伦敦Comyn Ching三角是一块旧城区的场地，在原有建筑之间完美地插建一幢新建筑，形成一个围合的院落

图3-14 波士顿汉考克大楼与老教堂，新旧建筑采用对比手法，"相映成趣"

（四）旧城区改建设计中的渐进主义

城市的旧城区除了有历史价值的文物外，还存在着大量的历史信息，即每个城市的人文历史资源。随着时间的推移，旧城区的建筑、街道、基础设施等不可能不进行必要的改建、更新，以至扩建或重建。西方城市在这方面的一条重要经验，就是"渐进主义"的原则。这是一条主张"有机更新"的原则，主张谨慎细致的原则。既改善环境质量，又保持历史文脉，把尽可能多的，有价值的，载有历史信息的历史空间环境保存下来，留给今世和后代。英国在城市设计上反对"瞎子上尉乱动刀"，即反对盲目地大拆大迁。有一个说法：大规模的旧城改造计划，只能使领导者和建筑师感到激动。渐进主义的设计原则对当前我国的旧城改建有重要的现实意义。

(1)远眺　　　　　　　图3-15　厦门鼓浪屿

四、有利于提升城市的文化品质

空间环境的质量既表现在物质方面（功能和适用），也表现在精神方面（品质与美观）。城市的文化品质属于后者。城市主要通过三个方面来体现其文化品质：一是通过城市的各种活动和场所；二是城市本身的物质形体；三是城市中人的素质。前两方面直接与城市设计有关，第三方面也间接与城市设计有联系。文化素质高的城市能起到影响、教育和提高人的情操、道德、素养的作用。如厦门鼓浪屿区（岛）素有"钢琴之家"的传统，美丽的景色与琴声相伴，因而能哺育出知名的钢琴家。

(2)独户住宅

城市应该是先进文化的代表。现代先进的文明（包括物质的和精神的）都集中地反映在城市之中，包括先进的科学、技术、文化、艺术、教育、管理等。城市设计应为这些活动提供高质量的空间和场所，在空间形象的创造上也应追求具有较高"文化含量"的品位和素质（图3-15）。具体方法将在第四章阐述。

五、突出特色与个性

现代主义城市设计的失败之一，就是造成大量没有特色、缺乏个性的城市空间，"千城一面"，单调乏味。国内外在城市设计上都存在这个问题。这种现象的出现有着复杂的原因，如"国际式"的现代建筑抹杀了地域和民族的特性；相同的现代建筑材料、建筑技术；文化交流的频繁和加速，也增长了"趋同性"，包括现代人的生活方式也有趋同的倾向。

(3)山坡小街

就城市设计而言，首先从总体上要把握住不同规模和不同性质城市的性格特征。例如，政治中心城市和旅游度假城市，商业城市与风景名胜城市，海滨城市与内陆城市，沿江城市与湖滨城市，等等，都有不同的个性特征。有的媒体评论中国城市，认为北京"大气"，上海"洋气"，杭州"秀气"，等等，虽不够准确全面，或者仅是人们心目中的"朦胧"感觉，但也说明城市是有"性格"的。我国某著名风景旅游城市素以清雅宁静著称，近几年在城市旧区的改建中，没有在总体上把握住特色和个性，新建的广场、商业大街、桥梁等，使该城市看似一座商业城市，原有的特色被"异化"了，受到人们的质疑。

城市中不同的空间场所，由于职能的不同，也应该有不同的个性和特色。如以休闲为主或以商业、娱乐为主，显然应该不同。类同职能的空间，在不同地域、不同气候、不同规模的城市，也应该有所区别。同为滨江地带的设计，在不同的城市，不同的江河，不同的江河与城市空间关系不同的条件下也应有不同的特色。例如，天津的海河（宽90m）、上海的黄浦江（宽500m）、武汉的长江（宽1000~2000m）、杭州的钱塘江（宽1000~1500m），由于尺度的差异很大，它们滨江地带的设计就不应该是相同的（图3-16）。总之，事物的普遍性（共性）寓于特殊性（个性、特性）之中，重要的是，要认识事物的特殊性。城市设计的原则是：抓住特殊性，通过设计把特殊性充分显示出来，特色和个性就在其中。

(1) 天津海河两岸景观，海河水面如镜，尺度适宜

图3-16　城市与江河尺度

(2) 武汉与汉水、长江

六、实行环境、社会、经济三个效益的统一

城市设计是一种指导城市开发、保护的方案，具有设计性质。城市设计需要构思和创意，需要丰富的想像力。人们比较重视它的这些方面，而容易忽视它的另一面，即好的城市设计方案非但要构思好，而且还要效益好，这样才具备现实的可操作性。

城市设计的效益，与城市规划一样，应该体现为环境、社会、经济三个效益的统一。例如，有的方案环境效益很好，但需要在短期内动迁大量居民，社会效益不够好；有的方案其他都好，但建设投资很大，一定时期非财力可行。在市场经济条件下，如何筹资，如何使政府与开发企业合作，获得"双利"的结果等，也都成为设计应该考虑的问题。因此，在设计和评价方案时，必须作出必要的论证，包括投资—效益的分析、财务分析等。那种"只怕想不到，别管钱多少"，一味追求"做大"，追求"高标准、大手笔"的倾向，不是正确的设计原则。

第三节 可持续发展的城市设计

"可持续发展"作为一种战略思想是20世纪80年代后期才在世界上提出。它的核心思想是：当代人的发展，不应给后代人需要的发展造成障碍。它的主要原则是：正确处理经济发展与人口、社会、资源、环境的关系。[①]"可持续发展"首先是国家的发展战略，现在已被全球大多数国家所接受。中国于1992年正式接受"可持续发展"为国家的重要发展战略（另一发展战略是"科教兴国"）。

可持续发展思想是在20世纪后半期，世界经济进一步发展，特别是大规模城市化过程中所出现大量问题的基础上提出的。这些问题主要是：人口膨胀、资源短缺、能源过耗、环境危机、交通恶化、城市贫困等。就世界范围而论，这些问题非常严重，中国也不例外。1996年联合国"人居Ⅱ"大会[②]把"可持续发展的城市化进程"和"人人有适当的住房"作为两大目标要求各国承诺并付诸行动。中国政府也作了庄严的承诺。可持续发展，作为战略思想，必然影响城市的发展和规划设计。如何在城市设计中贯彻这个思想，或者说，如何进行可持续发展的城市设计，国内外都有一些研究，但不够成熟。2000年6月，在柏林召开关于21世纪未来城市国际研讨会所发表的《柏林宣言》[③]说："世界上没有一个城市没有问题，没有一个城市真正做到了可持续发展"。同时，"宣言"把可持续发展放在所有原则的第一条。

可持续发展的城市设计，在设计原则和内容方面主要有：

一、合理的土地利用

土地利用既是城市规划，也是城市设计的一项基本内容。土地是城市开发建设的重要资源。在市场经济条件下，由于中国的城市土地是国有的，因此土地又是国家和城市的重要资产。城市利用土地的出让、转让来吸引投资，获得收益。土地同时又是一种不可再生的资源，在我国很多城市，城市用地已开始短缺，有

的是严重短缺。

在中国的情况下，城市设计中的土地利用首先在于合理选择项目区位，确定地段、地块适当的容量，包括容积率、密度、建筑高度等。在多数情况下，应该采取紧凑发展的模式，鼓励和促进土地的综合利用，把可兼容的功能适当集中布置，在设计中保持一定弹性，为可以预见的未来留有发展余地。但是，紧凑利用土地的限度是：环境质量。"高层高密度"的规划政策造成建筑物过度密集（图3-17），严重影响日照、通风、防火，是一种"反人性"的空间，也是违背可持续发展思想的。

图3-17 高层高密度的居住空间（香港将军澳）

二、资源的有效使用

城市的重要资源，除土地外还有水源、能源。城市水源短缺是一个世界性的问题。中国300多个城市缺水。节约用水、合理用水，回收利用废水是一项重要的政策。城市设计，包括居住区设计，重视水的利用是个重要的设计原则。如在缺水地区适当控制耗水较多的草

---

① 国家计委、国家科委.关于进一步推动实施《中国21世纪议程》的意见，1996

② 1996年6月，联合国在土耳其伊斯坦布尔举行"世界人类居住区第二次大会"。

③ 周干峙译.21世纪的城市——关于城市未来的"柏林宣言"

地、高尔夫球场等的建设，一些沿江城市为保持城区河段（江段）水位，在上下游修筑坝、堰，以改善景观，同时应该对河流和生态可能造成的影响作出论证。有的城市（如包头）虽然缺水，但利用处理后的废水浇灌城市干道的中心绿带（图3-18），是个有利于可持续发展的好做法。海水淡化技术的进步和成本的降低，为沿海缺水城市提供了新的、有利于持续发展的水源条件。

图3-18　包头新旧城区之间的主干道—建设路，中心绿带利用"回用水"浇灌

能源是城市重要的"生命线"。传统的、直接燃烧的能源（如煤、石油等）非但不可再生，还是城市空气的主要污染源。现代化的城市应该向着可再生的、无污染或少污染能源的方向发展，如利用太阳能、风能以及核电、无铅汽油等。城市设计应该为合理利用和节约使用能源创造条件，在方法上与采用智能化结合起来。北京等城市正在进行的"绿色住区"实验，已取得很好效果①。

三、与环境整治的结合

城市废水废物的处理、回用与江河水体的净化是环境保护与整治的一项重要内容。我国城市在这方面已有很多成功的范例。其特点是与城市设计相结合。沈阳南湖、成都府南河、上海苏州河的整治都是很好的例子（图3-19、图3-20）。成都府南河是旧城的护城河，水质污染，两岸充斥破旧民房，环境质量很差。1992～1997年成都市政府投资整治和拆除破旧房屋，改善被动迁居民的居住条件，截流污水，引入新的水源，两岸通过城市设计，建成沿河环城休闲、文化娱乐性质的绿带。上海苏州河，水质黑臭达几十年之久，经过近十几年的整治，包括对两岸污水的截流治理，水质已经改善，两岸结合城市设计，建成一部分休闲性绿带，有些旧仓库楼保存外部原貌，改变内部使用性质，成为城市新的公共建筑。

图3-19　成都府南河综合环境整治

图3-20　上海苏州河综合环境整治

四、生态保护与物种多样化

城市设计与生态保护的关系既体现在整体的设计上，也渗透在很多具体的环节上。例如，维护和强化整体山水格局的连续性；保护和建立多样化的乡土生物环境系统；维护河道、海岸的自然形态；保护和恢复湿地系统等。中国城市规划学会为温州三垟湿地做的规划设计，十分注意保护原湿地的自然形态，并严格控

① 我国第一座绿色生态居住小区——北京北潞春小区设计，其要点是：合宜的住宅，方便的出行，良好的管理和服务，安全，空气洁净，控制噪声，绿地，节能，节水，污水回用，垃圾减量、无害处理。

制湿地内建筑和道路的建设量（图3-21）。还有，将城郊的林系、果林、农田等与城市的绿地系统相结合[①]。

物种多样化方面，重点在植物。一是在设计上尽量使植物品种多样化，这不但有利于生态，也有利于观赏。据统计，我国的上海、广州、北京等大城市一般有植物品种几千种，少于欧美国家大城市，内陆城市、北方城市更少。二是尽量利用乡土植物，避免从外地购买和移植大树（近几年国内城市流行这种做法）。城市中哺育和生长一些动物（特别在园林、湖塘、湿地，以及某些广场等），也是有利于生态保护的，还有利于观赏、教育和增加情趣。

图 3-21 温州三垟湿地规划设计

五、"绿色交通"与城市设计

可持续发展的另一个重要方面是城市交通。现代城市的交通涉及环境污染、土地利用和出行的效率与安全。以私人汽车为主体的城市交通（如美国城市），显然是不符合可持续发展原则的。仅就消耗石油而言，占世界人口4%左右的美国人每年要消耗世界石油的1/6～1/5。美国城市用地的50%以上与汽车交通有关。因此，改造汽车的燃料（无害化和取代汽油）与城市中推行公共交通优先和支持非机动化交通（自行车、行人）是一种"绿色交通"的战略。这方面，世界各国有先进的范例，如巴西库里蒂巴（Curitiba）的公共交通系统，是交通设计与城市设计的结合，该系统使该市"上班族"的3/4，约130余万人每天乘公共汽车上

下班，大幅度降低能源消耗和环境污染[②]（图3-22）。荷兰代尔夫特（Delft，人口10万），经过10多年努力建成全市性安全、舒适的自行车专用道系统，使该市40%的出行者使用自行车（图3-23）。

图 3-22 巴西库里蒂巴公交专用道系统（公交换乘枢纽站）

(1)专用道及桥梁　　图 3-23 荷兰德尔夫特的自行车专用道系统

(2)汽车道上的专用线

① 俞孔坚.论城市生态基础设施建设.中国建设报，2002-3-5
② 孙成仁.后现代城市设计倾向研究.哈尔滨建筑大学博士研究生论文

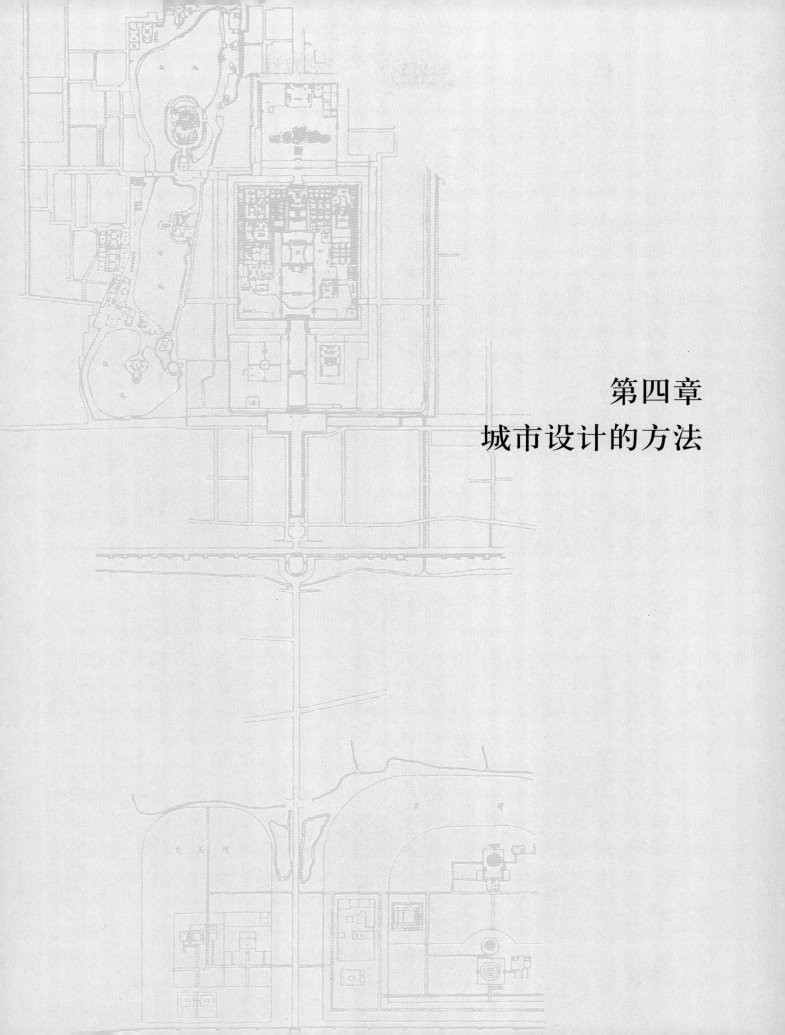

第四章
城市设计的方法

由于城市设计任务和项目的多样性，本章及第五章、第六章阐述的内容主要针对开发型的城市空间场所的设计，同时也涉及城市的整体、滨水地带、街道及小品设施等。

第一节　目的、目标、方法
——价值观与方法论

一、城市设计为谁而作是一个基本的问题

这个问题从古到今始终存在，至今没有完全解决。本书第二章已经作了阐述。

今天的城市设计，其设计的目的可分为三类：

为公众设计；

为业主设计；

为表现自我而设计。

（一）公众是城市的主人，但往往没有能力去委托城市设计。实现"为公众而设计"的目的，只能体现在设计的构思上、内容上、手法上。有人说，体现在设计师的职业良心和责任感上，这是很对的。公众是设计师的"上帝"。公众不是一部分人，而是绝大多数人，包括弱势人群。"为公众"不仅为他们的当前利益，也要为他们的长远利益和根本利益。中国的政府是人民政府。政府的利益和公众的利益根本上是一致的。

这方面好的案例很多。如近几年很多城市开发建设有利于公众休闲娱乐的滨河地带、广场，有利于生态环境的整治地段，有利于繁荣经济和提供就业岗位的综合市场、商品城等。

（二）为业主设计。业主分政府和企业两种情况。业主提出设计要求，支付设计费用。有的设计师把业主视为"衣食父母"，唯业主之命（要求）是从。这里应该区别两种情况：业主是政府，政府与人民的根本利益是一致的；业主是企业，企业必须考虑利益，这就需要协调和权衡企业与公众利益的关系，尽量做到"两利"。对业主不合理的要求，应该说服其改变或放弃，盲目执行是错误的。这方面也有案例，如在城市中为违法建设做设计，造成不可挽回的损失等。近几年在我国某些城市设计的招标竞赛当中，有的设计机构，包括国内外的，为投业主所好而提出夸大、浮华和严重脱离实际的方案，也是这方面的一种不良表现。

（三）为表现自我而设计。"自我"也分两种情况：

一种是业主，往往是政府某些领导，为"表现政绩"，潜意识地影响设计师，为其树立"纪念碑"。另一种是设计师为了哗众取宠，故作新奇，而不顾环境和条件，以突出自我为宗旨。这种案例有时比较隐蔽，或掩盖在"合理"的外衣下。

目的涉及价值观，涉及到基本立场和观点。现代城市设计应该把为公众服务作为第一目的，把为公众和为业主统一起来，在此基础上，自我的价值和作用会在设计中得到应有的体现。

二、以目标为导向

这是现代城市规划，也是城市设计的一种基本方法。设计目标由不同项目的任务要求和实际条件而定。很多设计的目标都不是单一的。目标与原则有一致性，但不是原则。目标是具体的，因地因时而异。因此，总的目标可以分解成若干子目标，也可依靠时序而分解为阶段性目标。

城市设计的基本目标大致可概括为：

（一）适用性目标　这是基本的目标，一般应该包括所有的使用要求。以广场为例，首先是公众活动：交往、锻炼、娱乐、集会、休闲、交通等。根据活动的需要确定广场的性质和规模。

在适用性方面，安全和通达是两个重要而通常容易被忽视的因素。

安全，涉及空间的防卫性，应尽可能使空间的每个角落得到暴露和受到公共的监视。具体方面，例如近年很多城市广场的地面，包括有些步行区和人行道，喜欢采用光面石板铺砌，雨雪天影响行人安全等。

通达，涉及空间的出入口能否满足进出的人流量、车流量，通向空间的通道是否顺畅无阻，此外，还包括公共交通与停车场地等。

（二）宜居性目标　设计为创造宜居性方面，包括住房、购物、文化、教育、娱乐、服务等应达到的水平，以及配套的基础设施等。

（三）社会性目标　设计项目要达到的社会效益。例如，为城市经济发展、社会繁荣的贡献，提供就业岗位的贡献，对提高社区居住水平、生活质量的贡献，保护性设计对历史文化保护能起的作用等。

（四）环境性目标　设计对提高生态环境质量的贡献，包括大气、水体、绿化、卫生、生物多样等。

（五）形象性目标　空间形象的形式、品格、风格，以至色彩等可能达到的效果，在结构、形态、肌理上与

城市原有结构的整合、联系等。

以上几类目标，都可按类分解为具体的子目标。下面还有两类：

（一）时间性目标　建设时期的设定。时间因素往往影响功能、内容、标准，是个很重要的因素。

（二）阶段性目标　大的设计项目，建设时期长，宜于分段实施。阶段性目标要考虑时序的合理衔接。必要时按阶段列出目标。

目标的设置是一项理性的工作。大的城市设计项目，一定要做好设计的前期工作，目标设置是重要的一环。近几年我国很多城市设计项目不重视这项工作，特别在招标竞赛中，目标和要求往往是草率决定的。

目标的依据来自两个方面：公众的真正需要（包括当前的和长远的），只能用适当的方法，通过对公众的调查或问询解决；社会、经济发展的预测，需要通过有关部门的合作，有时还需要多学科的专家共同分析研究。

这两项根据都不能主观地，凭想像或愿望来决定。近几年在一些大城市中央商务区（CBD）的城市设计中有过教训。例如，广州珠江新城（CBD）的城市设计，1992年确定的目标是：用5～10年时间，建设成一个现代化金融商务中心。市政府通过竞标，请美国一家设计咨询公司做的方案。10年后广州城市规划专家作了一次总结和回顾：由于各种原因，原设定的目标与10年来的实际情况相差很远[①]。主要是：10年来，经营性的商务办公楼"凤毛麟角"，商品住房却"不期而至"。5～10年的时间显然估计过快。由此得到的教训是：大城市的中央商务区（CBD），不能凭主观愿望，用行政手段来"打造"，而要靠城市本身的国际化程度和全球化经济发展达到相当高度后随之而来。主观设定的目标和静态的看似"整体"的城市设计不适应这种客观的实际。广州市已经修改了珠江新城的设计。

三、方法论

目标设定后，方法就是关键。

人们往往不重视城市设计的方法，以为城市设计的方法是随机的，靠"构思"、靠"闪点"。诚然，城市设计要靠丰富的想像力，要靠形象思维，靠创造力。但仅仅这些是不够的。它的基础还要靠科学的方法和理性的思维。

从方法论的观点出发，城市设计的方法要与"先验灵感"与"专家赐予"这两种主观主义的方法划清界线。正确的方法路线，或技术路线，应该从调查研究入手，将丰富的基础资料和信息，通过设计师的头脑，经过复杂的智力劳动，融合着设计师个人的智慧、经验、价值观和审美观，形成方案。这个过程可能要反复多次，包括多方案的比较，然后经过专家的评论，业主的接受，政府部门的批准。全过程还应该包括设计的实施和经过实施后的检验，从实践中得来经验和教训，使下一个设计得以提高。

城市设计的调查研究，主要在两个方面：

（一）使用者的调查　虽然公众是使用者，但就具体设计项目而言，使用者是不相同的。城市广场的使用者，可能80%来自一定半径范围内的居民；车站广场的使用者大部分是旅客；居住区的使用者是住户。例如，北京西单文化广场（图4-1）由于位置在西长安街和西单北大街的交叉处，使用者的一部分是过路的客人。不同的使用者有不同的行为特点和不同的需要。西单文化广场的那部分"过路客"并不是为逛广场而来，他们需要的只是短暂的小憩（图4-2）。而其他广场则

图4-1　北京西单文化广场

图4-2　西单文化广场上休憩的人们

① 十年之痒：广州检讨CBD规划.中国建设报，2002-6-26

需为使用者安排晨练、晚舞的场地。

（二）场地空间的调查　场地调查或场地研究是一项非常细致的工作，包括技术方面，景观方面，心理方面（人对场地的认识和感受等）。K·林奇在他的名著《总体设计》（黄富厢、朱琪、吴小亚译）中，有专门的论述。这种调查包括土壤、地形、植被、气候、现状物、周围环境、与城市结构的联系等各个方面。林奇把这些称为"场地的气质"。今天很多城市设计对这种调查很不重视。某城市在中心广场设计招标中，一个单位的设计师甚至连一次都未去过现场，因此对场地上很好的一处树丛"熟视无睹"，他的方案当然不可能被选中。重庆人民广场设计中，很好地保存了场地上原有的大树，既有利于环境绿化，又能保留人们对原来这块场地的记忆，取得很好的效果（图4-3）。

两种调查要用不同的调查方法。对使用者的调查宜用直接的方法，即直接访问使用者，不但了解他们当前的需要和行为特点，还要了解今后的趋势。业主也被认为是一种使用者，而且还是管理者或经营者，他们的具体意愿也是很重要的因素。场地调查则要借助很多技术手段、工具和信息资料。

图4-3　保留大树　　　(1)厦门市在道路改造中保留原有大树

(2)重庆人民会堂前广场上保存的树木

方案设计是城市设计的关键阶段。这阶段是把从各方面调查得来的信息和资料，汇集起来进行综合分析。这种分析要和设定的目标（或目标体系）相结合，依靠设计师理性思维和形象思维交叉融汇的能力，遵循技术和艺术的法则，"冥思苦想"，从构思到构图，从内容到形式，做出一个好的方案来。这个过程的特点是：往往要反复多次，方能臻于成熟。要注意的是：（1）把个人智慧和集体智慧结合起来，鼓励集体创作。因为城市设计，特别是大型项目往往是很复杂的，需要多学科的交叉。（2）多方案的比较也是一项重要的方法，从比较中选择优秀的方案。

第二节　行为、功能、认识、感受
——人与空间的能动关系

一、行为

"人际交流是城市的本原"。（路易斯·康）

城市中人的行为受思想支配，支配行为的思想来自需要。例如，人要工作，工作有收入，才能维持生活的需要；人要购物，是为了满足食品、衣服、生活用品的需要；人要休闲，是为了恢复体力和精力，便于更好地工作；人要交往，是为了传递信息、经验和知识。城市中人的交往是创造城市文明的重要方式。古希腊时期这种交往更多是在城市广场（包括当时的市场）上进行。今天的现代化信息技术已经创造了更多的交往方式，但是人与人，人与人造物之间的交往和接触，包括室内的和室外的，仍然是必要的。

城市空间环境的设计，最本原的出发点是人的行为，人的需要。马斯洛（Maslow）的层级理论[①]，把人的基本需要分为六个层级：

（一）生理的需要；

（二）安全的需要；

（三）相属关系和爱的需要；

（四）尊重的需要；

（五）自我实现的需要；

（六）学习与美学的需要。

随着生活和文化水平的提高，人的需要逐层上升。但实际生活中，并不是机械分层和上升的，而呈现波

---

① 李道增编.环境行为学概论.清华大学出版社

浪式演进的特点。中国总体上已跨过"温饱"，达到初步的"小康"，今后将迈向全面的"小康社会"。马斯洛的理论，对于城市设计中宏观估量基本需要有重要的参考作用。

行为与空间环境的创造有相互能动的关系。这种关系的实质是人与环境（人造环境与自然环境相结合的城市环境）的关系。人根据需要创造城市环境，是人的行为决定了环境；环境反过来也影响于人。英国前首相邱吉尔有句名言：我们塑造了环境，环境又塑造了我们。

人的行为是有目的性的。什么是人对城市（人类聚居地）的基本需要，希腊学者C·A·佐克西亚季斯（C·A·Doxiadis）阐述如下[①]：（一）安全。人类生存的基本条件（包括土地、空气、水源、气候等）；（二）选择性和多样性。在满足生存需要的前提下，根据自身需要和意愿进行多样选择的可能；（三）满足需要的多种因素，包括最大限度的接触；最省力量、最省时间、最省花费来满足需要；任何时刻、任何地点都能获得一个受保护的空间；人与生活各要素之间有最佳的联系；物质的、社会的、文化的、经济的、政治的各种条件，取得最佳的综合与平衡。他还提出：在小尺度范围内，人造环境要适应人的需要；在大尺度范围内的人造物要适应自然条件。

行为是人与环境之间的"媒介"。弄清楚今天中国城市中人们行为的一般特点是做好城市设计的重要条件。以大城市为例，城市居民的行为规律以其出行量排序，大致为：工作（上下班）、上下学、公务、购物、娱乐休闲、访友等[②]。随着生活水平的提高和生活方式的变化，在每周7天内也有变化。不同年龄层的居民，行为特点也不同：上班族（18～60周岁）、中小学生（7～18周岁）、幼儿（3～7周岁）以及被称为"21世纪最大社会问题"的老年人群（大于60岁）。城市的人口结构是复杂的，还有流动人口（前来进行公务、商务、旅游、探亲、寻找工作以至游荡等等），他们的行为特点也各不相同。

在城市空间场所中人的行为（或活动）规律也是不同的。以城市广场为例，一般广场的活动，大致包括集会、纪念、表演、锻炼、休闲、观赏、散步、浏览（展出）、娱乐、交谈、购物等。并不是每个广场都有全部这些活动，各项活动在广场上进行的时间和参与的人也不相同。活动有闹有静，有个体性的，也有集体性

① 李道增编.环境行为学概论.清华大学出版社
② 根据中国城市规划设计研究院交通所提供资料

的。这些都是空间设计的依据。

由于地理、气候、民族、习俗等情况的不同，城市广场除了一般性行为以外，还有特殊性的，带有特色的一些行为，如厦门白鹭洲人民会堂背面露天音乐场每周举行的免费音乐会，欧洲一些城市广场有露天咖啡座（图4-4），美国城市广场上进行拳击比赛（图4-5），中国有些面积过大的广场，成为儿童放风筝的场所等。近几年，国内一些城市广场上公众喜爱的活动经常化以后，成为一种"广场文化"，是很有意义的。

图4-4　德国海德堡广场上的咖啡座

图4-5　美国辛辛那提市广场上的拳击比赛

二、功能

"城市最基本的特征是人的活动。"（简·雅各布斯）

城市空间的功能就是要满足人的各种活动的需要。前述已经提到了人的需要和行为，行为的规律。行为作用于特定的空间，构成了活动。活动与功能也存在互动的关系。空间依据活动的需要设定功能，反之，已设定的功能为活动提供空间。活动与空间功能之间的"媒介"是人。这个"人"，就是设计的决策者和设计师。

设计师依据决策者（业主）的要求进行设计，而要求往往是笼统而不具体的。例如要求设计城市的中心广场，要"气派"、要"大手笔"、要"高标准"、要"50年不落后"等等。很少涉及使用广场的人，广场的活动，广场的功能等等。设计师考虑的重点也往往在"气派"、手法、技巧上，千方百计使业主满意。对广场上的活动和功能考虑很少。

仍以广场为例，在前述中提到的广场活动都是广场的功能。可见，城市空间的功能往往是多样的、综合性的。功能设置的前提需要分析，从适用性出发，一个特定广场的功能，根据场地的具体条件（面积、区位、通达性等），究竟设置哪几项较为合适，以什么功能为主，都需要明确。例如，晨练、休闲等功能宜于接近居民密集的地区，不宜过分集中。近年来有的城市对全市的广场设置作了全面规划，在市区按不同功能分布广场，是个好的做法。

滨水地带的功能也是多样的。除游览、休闲、娱乐以外，往往还要解决沿江和跨江的交通问题。沿江（包括湖、海）地区往往是城市开发建设的"热点"。很多设施，包括旅店、酒楼、商业、高级住房等会"争夺"这个地带，出现功能上的混杂和矛盾，成为城市设计上的难题。美国巴尔的摩（Baltimore）港湾区的设计、悉尼达令港（Darling Harbour）的设计，都是多功能的，而且在空间上作了合理布局，是成功的范例（参见本书附录一）。

街道是城市的重要空间。自从城市中汽车交通发达以后，很多街道成了汽车的"天下"，人成了汽车的"奴隶"。交通是城市的重要功能。交通通畅能提高城市的效率，保持城市的活力。城市道路的主要功能是交通，或者说车辆交通，这在现代城市是必要的。但是常常忘记街道应有的功能还包括人的行走、购物、休闲、交谈、观景（通过街道看城市景观是主要方式之一）等等。城市设计要为人创造好的步行环境，特别在大城市中心地区，把人和车辆隔离，如步行区、步行街、高架步行走廊等，是十分重要的。如美国明尼阿波利斯（Minneapolis）商业区和香港中环（中央商务区）的高架步行道和上山自动步梯等就是突出的案例（图4-6）。

一般说，城市空间在功能上应该满足的要求是：

（一）在空间的人的活动类型上既要多样，又要分清主次；

（二）在空间的容量上要满足各种活动的需要；

（三）在空间的质量上（包括设施的标准、能力、水平等方面）要保证活动的要求和安全；

（四）在空间的通达性上应满足进出和到达的通畅和方便；

（五）在空间的支撑条件上要做到基础设施的齐

(1)跨街天桥　　　　图4-6　美国明尼阿波利斯中心区高架步廊

(2)步廊内景

备。例如，深圳福田新中心区（4km²）的开发建设，第一阶段先由市政府进行地下大型管隧(共同沟)的建设①，起了有力的支撑作用。这是强化功能的重要措施。

三、认知

"一个新的标准——可意象性（Imageability），它对城市建设和改造有着潜在的价值"。(K·林奇)

1960年K·林奇写了一本具有划时代意义的名著《城市意象》，曾两度被翻译成中文出版（1990年项秉仁译，2001年方益萍、何晓军译）。该书在美国被再版25次，可见影响之广。林奇把环境心理学和城市、建筑、街道等结合起来，用认知的方法来认识和分析城市。他的基本观点是：城市是可以被认知的。他通过人对美国波士顿、泽西、洛杉矶三个不同类型城市的认知和感受提炼出5项要素：路径（path）、边界（edges）、区域（district）、节点（nodes）、标志物（landmarks），作为人们认知城市的重要"切入点"。这对城市规划和设计，是一种全新的概念。几十年来，这种概念已为越来越多的人们所接受。

人们常常把城市和建筑混为一谈，把认知城市印象和认知建筑形象混为一谈，把设计城市和设计建筑混为一谈。这种认识是错误的。首先，建筑物是个单体，城市是个组合体（包括建筑、道路、园林以及自然的山川、河流，还有流动的人群、车辆等等）；其次，建筑一经建成，基本上是凝固的，城市则每天都在变化，是动态的。因此，林奇说：城市设计可以说是一种时间的艺术。建筑艺术通过形象作用于人，比较直接而单一；城市形象作用于人，既有直接的，也有间接的，而且是多元而多样的。人们有时把对建筑设计的评价"嫁接"于"城市设计"，是不客观、不公平的。

通过认知的方法来创造好的城市形象是一种客观的、实证性的方法，它有别于过去由业主（决策者）和专家"自上而下"导向性的方法。它从人对城市的认知而来，然后经过专家（设计师）的"加工"，成为方案。这是一种"上下结合"的方法。

林奇归纳的5项要素，虽然来自美国城市，但有一定的普遍意义，因而有很大的参考价值（第三节将具体分析）。但是不能"教条主义"地对待。每个城市有其自己的特点和素质。就城市设计而言，运用认知的观念和方法，抓住设计要素就是抓住了创造城市形象

① 大型管隧是建设一条大断面的地下隧道，把主要工程管线、变压器等布置其中，保证安全，并方便管理和维修。

的重点或要领。不论是进行城市内某个场所、地区的空间设计，或进行城市整体的设计，这一点都是至关重要的。

四、感受

"构成并识别环境是动物必不可少的能力。"(K·林奇)

人通过自己的器官和身体来感觉客观世界。它们各司其职：眼（视觉）、耳（听觉）、鼻（嗅觉）、嘴（味觉）、身体（触觉）。城市的物质形象，主要通过视觉、听觉、嗅觉被人所感受。视觉是主要的。根据研究，视觉占人全部感觉的60%。其他感觉也起着辅助、陪衬、烘托的作用，有时也很重要。

感受或感觉是直接的、第一层次的认识，是感性认识；通过人脑的作用，感性认识上升为理性认识。评价是理性认识（将在第五章阐述）。人对城市空间可以通过视觉看到空间的组合、形式、形态、肌理、色彩等等，综合在一起，其总和就是形象（外在的图景），包括总的和细部的（图4-7、图4-8）。城市形象因不同

图4-7　弧形的街道和界面。英国伦敦摄政街

图4-8 色彩与肌理　　　　　　　　　(1)德国海德堡的红色屋面

(2)爱琴海上的希腊岛城

(3)冰岛首都雷克雅卫克

(4)英国某小城镇红机瓦、红砖清水墙

的视点而呈现不同的图景,因此不可能有绝对的最优。对同一形象的感受也因人而异。具有不同文化、传统、习俗、审美观念的人有不同的感受,有时差别很大。人除了视觉外,还通过听觉和嗅觉感受城市。摇滚乐曲通过立体声音箱可以使商业街呈现繁荣热闹的气氛(图4-9);广场的背景音乐,对烘托空间的氛围起着意想不到的效果。花草植物的香味也能给人以陶醉的感觉,如四川新都市的桂湖园,八月桂花开放的时候,满园飘香,沁人心肺。

图4-9 哈尔滨索菲亚教堂广场夜间音乐会

感受,并不能因为是表面性的反映,而不予重视。实际上,城市的形象是物质与精神的统一。人创造了空间环境,空间环境反过来影响着人。空间形象给人的感受,一般可归纳为:

高雅与低俗

美好与丑陋

真实与虚浮

热烈与冷酷

健康与畸形

试举一些例子。滨河林阴道、整洁优美的住宅和拥挤杂乱的商业街道有高雅、低俗之分;协调和谐的空间与丑陋的门面有美丑之别;德国法西斯时期修建的大街使人感到冷酷;故作新奇的形象使人觉得虚浮、畸形(图4-10、图4-11)。这些感觉都是由不同的设计手段造成的。

城市形象应该追求的是"真、善、美"的境界。"真"

是形式与内容尽可能完美的统一;"善"是体现着为公众服务,为提高人们生活质量服务的含义;"美"是指符合艺术法则而又有创新。

图4-10　俄国圣彼得堡安静的滨河路

图4-11　不悦目的建筑"形象",有损"市容"
(1)辽宁某大城市的一座办公楼

(2)辽宁某中等城市的一间沿街"门脸"

① K.林奇著,方益萍、何晓军译.城市意象,华夏出版社

第三节　设计要素——物与人的互动关系

要素是城市的"物";选定和组织要素是人的设计活动。

一、K·林奇归纳的5项要素①

K·林奇通过对美国三个城市居民的访问,了解一般人对他所居住城市的印象后,归纳出5项要素,有普遍性的参考价值。兹结合我国实际情况分述如下:

(一)路径(path)

中文都把path译为道路,固然不错。但从城市设计的角度看,著者认为译成路径可能更恰当。路径是城市中的所有通道,它们联系着城市的每个部分。没有通道,城市必然死亡。因此,林奇把它看作是"城市中的绝对主导元素"。路径包括道路、街道(以人的活动为主)、支路、小路。像人体中的血脉系统,从主动脉到微血管,功能各异,但是组成网络,哪条都不能堵塞。微血管堵塞会造成局部组织坏死,反过来影响主动脉和心脏。

城市道路网络的结构是可以被认知的。结构清晰与否,给人的印象不同。K·林奇认为道路应具有可识别性、连续性和方向性。道路的个性不取决于宽度(我国城市中不乏那种宽度很大而缺乏个性的道路),而决定于道路两侧土地使用和建筑物的性质。我国城市喜欢设计"景观大道",不论性质如何,都搞成"建筑博览会",效果并不好。道路应该有个"终点"或"尽端"。大路"通天",无边无际,有时达几十公里长,给人以"茫然"之感。方向性是结构清晰和有序的反映。

在大城市汽车交通日益增长的情况下,不得不出现一种"外加的"快速路系统,它与平面的路网往往是不融合的,给人一种视觉上的"扰乱"和"突兀"的印象,特别是高架的快速路系统(如上海)。上海用了很大的力量,在高架环路的中央立交桥下开发一片占地20多公顷的绿地,试图淡化这种感觉(图4-12)。

与此同时,步行环境的创造,成了今天城市设计上一个重要的问题。城市的路径要满足两种流动的需要:车流和人流。这两种"流"在现有城市里大部分都合在一个道路断面上。但从功能上必须将它们分隔。人

图4-12 上海高架立交桥下"见缝插针式"的绿化

行部分的设计要充分考虑人行走的方便、安全和多种的需要，如购物、观景、休憩等。完全分隔的步行路，包括以商业为主或景观为主的，往往是城市形象的"突出点"，最好与交通量较大的道路相分离。在没有完全处理好分流汽车交通的情况下，将这种道路"步行化"（如北京王府井大街和上海南京东路）（图4-13），是一种勉强的作法。

（二）边界（edges）

边界是除路径以外另一项线形的要素。K·林奇认为，强大的边界，在视觉上占有统治的地位。城市边界

图4-13 上海繁华的南京东路（步行化以前）

往往是河流、山脉、铁路、公路或者天然的与人造的隔离绿带。边界清晰和连续是城市可认知的另一要素。清晰的边界分隔出城市的区域，分辨清楚边界的两个侧面，同时造成一定的"领域感"，使城市形象明确而多样。中国很多城市的边缘和边界，往往是"城乡结合部"，由于管理上的原因，成为"脏、乱、差"之所在，与城市中心区形成强烈反差，一些分隔区域或组团的绿带则常常被侵入和蚕食，结果组团连成一片。整个城区成为边界不清，模模糊糊的一块"大饼"。城市河流两岸，是突现形象的重要地段，应该允许各具特色。但是"平庸"的设计往往过分追求两岸建筑的"对位"，造成呆板平淡。水边（边界）的建筑群往往具有很大的感染力，给人以突出的印象（4-14）。

图4-14 从上海外滩看浦东

（三）区域（district）

城市（除小城镇外）必定可以被分成若干区域。抓住并设定每个区域不同的物质特征，也是城市设计在形象上的重要元素。林奇认为，物质特征就是主题的连续性。原有城市往往由于不同的自然和人工条件，如河、山、地形、道路、铁路等不同历史时期所形成的肌理、空间、形式、功能等，以至居民不同的阶层、种族等而构成不同的区域。保留和发展这种特征，形成不同的区域是城市形象多样化的重要措施。每个区域的主题元素可以是一个，也可以是多个；有物质性的，也有社会性的。我国城市中具有这种特征的区域是很多的，如上海由于外国租界而形成的"法租界区"，青岛的"八大关"地区，哈尔滨的南岗区，北京旧城内的"东交民巷"地区等。中国一些古城，在城区内由于街巷构成的肌理而显现区域性，如北京东城区的"东四头条至东四十条"，成都的"少城区"等。可惜在旧城改建中由于开辟道路被"淹没"了。在很多城市，建国后不同历史时期建设的街区（如1950～1960年代、

1970～1980年代、1990年代后等）也都形成不同的特征。近年来有些城市已开始重视保存这种有特色的区域。但是在大规模的旧城改造运动中，仍然破坏了不少城市区域的特征和边界。新的设计非但"千城一面"，而且"区区同貌"。

（四）节点（nodes）

K·林奇称城市的节点是"战略性焦点"。它可以是广场、重要道路的交叉点或整个区中心、市中心。"节点既是连接点，也是聚焦点"，既是功能的聚焦，也是视觉和感觉的聚焦。城市设计要善于找出每个城市的主要"节点"，或创造新的"节点"以丰富城市的形象。实际上，城市的"节点"不是"点"，而是一个"面"，是一个空间或场所。

（五）标志物（landmarks）

标志物一般是"点"。它是城市中的突出形象，它可能形体"高出一头"，也可能"矮人一截"（图4-15）；它可能形式独特或"独我一份"（惟一性），也可能以色彩对比突出于城市"底色"之上（图4-17）；它也可

(1)美国圣路易市大拱门　　　　图4-16　城市的标志

图4-15　洛杉矶七号大街的"灰姑娘"。
　　　　一座低层的优秀历史建筑在高楼群中起着"标志"作用

(2)莫斯科胜利广场(夜景)。莫斯科为纪念二战胜利50周年而建设的胜利广场，以高耸纪念塔，宏大的广场树起标志性形象

图4-17　四川阆中华光楼和对岸的古塔遥相呼应

(3)俄国圣彼得堡大教堂

能有历史纪念或风俗民情的意义；它也许处在城市空间中某一处"突出"的位置上。总之，成为标志物的条件是多种多样的。原有城市中往往存在很多的标志物，它们并不是市政部门"钦定"的，而是存在于公众的心目之中（图4-19）。标志物使城市形象生动，富有情趣，设想一个城市如果没有任何标志物，那将是多么呆板和单调，成了"住人的机器"。近几年我国不少城市热衷于"打造"城市标志，往往想到是建一栋超高层摩天楼或行政办公大楼，有时想用高耸的纪念碑或雕塑等等。这只是一种可能性，并且要结合实际情况来定。不少城市的主要标志物是由历史而定的，如北京的主要标志是天安门，华盛顿的主要标志是国会山，巴黎的主要标志是凯旋门和埃菲尔铁塔，延安的主要标志是宝塔山（可惜现在宝塔山旁建了高层大楼，削弱了宝塔山的突出形象，实为不智之举）。城市的主要标志物是可以变化的，如上海过去的标志物国际饭店，现已"退居二线"，让位给了浦东陆家嘴的"东方明珠"塔；纽约的主要标志物世界贸易中心被毁于恐怖袭击。大城市往往可以有多个主要标志物，既有历史的，也有新设的。城市设计应该为城市设计一套整体的标志系统，把历史的、现有的和未来拟建的标志物进行统筹安排。

要素之间的有机联系，是整体性城市设计的任务。结合每个城市的实际情况，还会有5项之外的要素。例如，重庆渝中区（市中心区）所作的城市设计咨询提出10项设计要素就是结合该区地形特点的一个案例。渝中区约9km²，是个半岛，两条大江（长江、嘉陵江）交汇于此（图4-18）。半岛中间是山，山形蜿蜒，十分优美，城市建在山坡上。该设计提出的要素中，包括保护山脊线、两江沿岸滨水带（边缘）、标志性的两江交会

(1)路旁富有生活情趣的小品　　图4-19　沿街装饰与小品

(2)橱窗

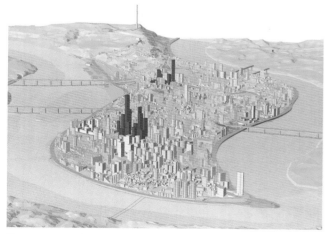

图4-18　重庆渝中半岛城市形象设计

(3)沿街立面的趣味性

口（朝天门）和6座跨江大桥的桥头（该区的主要入口）以及两处高层建筑聚集的"冠"（crown）状地段等。

二、日本的城市设计主题[①]

日本城市设计是20世纪60年代后兴起的。其背景在于二次世界大战前，日本在工业化、现代化过程中，造成很多城市单调、呆板的形象，不能适应人们的需要。1960年代后，西方的城市设计"输入"日本，构成了具有日本特点的"城市创造"理论。日本城市设计的基本目标与很多国家相似，即创造符合人的尺度的、有特性的、美丽的城市。他们归纳的20项城市设计主题（即要素）比林奇的5项要素更具体化。下面列出以供参考：

瞭望	散步道
标志	历史纪念物
水边	小品
中心公园	路标
花园路	水
街景	艺术品
商业街	立面
广场	趣味
街角	照明
林阴道	广告[②]

20项主题，大中小均有。其中有些是"非物质性"的，比如趣味，是体现在路边的小品雕塑（图4-19）之类的其他物质性要素中。"瞭望"是符合人们喜爱"登高俯瞰"的愿望，也是从高处观赏城市形象的需要。很多城市利用靠近市区的自然山地设置观景点，如香港的山顶、大连的半山观景点、三亚"鹿回头"景区等都选择了极佳的位置，有的利用高层建筑顶层或电视塔等，也有建造专门的观光塔。路标、街景、街角等都是可利用的要素。英国城市设计的经验认为，一般人走在街道上，最能引起注意的是10m高度以下的部位，因此橱窗、路标、街角，以及很多街道设施（包括招牌、广告）的设计和设置都是值得重视的。它们形体虽小，给人的印象很深（图4-20、图4-21）。街景，只有在极少数情况下，城市整条街道两侧的建筑物能在统一设计和施工下，一气呵成。因此，很具象地设计整条街道的立面往往不可能被实现。街道两侧的建筑通常是

(1)路旁自然朴实的条凳　　图4-20　街道设施

(2)路边小空间，可以稍作停留

(3)街道设施—垃圾筒

图4-21　街角

---

① 刘武君.从"硬件"到"软件"——日本城市设计的发展、现状与问题.国外城市规划，1991(1)
② 刘武君原文为19项，"广告"系著者所加。

"渐进式"地,有机地建设起来。这样的街道反而比一次统一建成的街道有生气、有活力。但是城市设计应该对街道两侧的土地开发、节点、路旁绿地、广场、设施等给予引导和控制。

三、城市设计的物质因素类别

参考美国和日本关于设计要素的理论,结合我国近年来城市设计的实践,著者归纳了18类城市设计的物质因素,可作为设计的参考。

城市设计的物质因素

建筑	界面、立面、形体、高、宽、风格、色彩
墙面	普通墙、净墙、画墙、绿墙、广告墙、隔墙、矮墙、隔栏
绿化	草地、行道树、公园、小游园、树林、绿被
道路	交通干道、步行路、花园路、商业街、林阴道、通道、出入口
光照	路灯、广场灯、公园灯、泛光照明、霓虹灯、装饰灯
河岸	护岸、栏杆、码头、驳岸、坡道、梯道、照明
街道设施	灯柱、路牌、交通指示牌、红绿灯、垃圾桶、邮筒、广告牌、公交停车站、座椅、路旁停车柱、栏杆、电话亭、人行天桥(地道)、地铁出入口、阅报栏、告示牌、路边排档、消防栓
声	交通噪声、人声、商店噪声、广播、背景音乐
桥梁	高、跨、形式、色彩、桥头(形式、绿化)、匝道、照明
地道	出入口、坡道、护岸、照明、绿化
雕塑	小品、纪念碑柱、浮雕墙、喷泉
塔	古塔、电视塔、标志塔、瞭望塔、灯塔
地面	形状、层面、铺砌、图案、颜色
广场	围合(建筑)、通道、硬地面、绿地、水池(喷)、花圃、雕塑、灯光、座椅、小品、标牌、音响、售货亭、出入口、栏栅、台阶(台地、下沉)、亭阁、形状、风格、柱廊
停车场	形状、通道、车位、标牌、铺砌地面、出入口、岗亭、车挡
步行街	通道铺砌、断面形式、商店、座椅、茶座、花卉、路灯、广告、招牌、顶罩、天棚、绿化、小品
市场	通道、地面、排水、摊位、标牌、广告、摊

罩、天棚、座椅、小品、绿化、色彩、音乐

排档 通道、摊位、排水、广告、天棚、色彩

上面18类物质要素,构成城市设计要素的"超级市场"。设计师无需选购所有的要素,只需根据设计项目的需要选择若干项。一个空间场所中不是充斥越多要素越好,设计师也不要"十八般武艺俱全"。如何有机地组织各种要素,则是城市设计的技艺所在。

第四节 法则与手段——视觉规律与人的能动性

一、优美的生活空间

"美化生活环境"的要求中包括创造优美的(符合美学法则的)城市空间。K·林奇说:人们并非不能在一个视觉混乱的城市中生活,但如有一种更动人的环境,同样的生活将会获得新的意义(图4-22)。优美

图4-22 香港铜锣湾的"混凝土森林"

的、有序的、动人的空间，给人的身心以积极向上的影响，这一点是不容怀疑的。在马斯洛关于基本需要的层级理论中，美学的需要被列在最高的第六层级，但是并不意味着生活水平尚处于较低级阶段的时候，人不需要"美"。何况城市设计总是为未来而设计的，要考虑今后的需要；城市的存在又是长期的，城市的空间一经建成，要经得起时间的考验。

美是客观的，美感则是主观的。我国著名美学家朱光潜先生认为：美是客观与主观的统一。客观上美的东西，不一定人人都认为它美。人的文化水平、欣赏能力、素养等等差别，影响审美观念的差异，所谓"萝卜白菜，各有所爱"。构成空间美感的因素是多种多样的。设计师可以采取的手段（方法）也是多样的。

虽然美感因人而异，但是空间设计主要涉及的形式美，是有客观法则的。这种法则是根据人的视觉反映有一定共同规律而概括形成的。例如，客体的尺度是大是小，排列有序无序，群体中的主与次，空间的形式，各部分的比例是否匀称，空间各要素之间的协调、均衡、韵律等，人们会有大体相同的感觉。因而，在空间设计中掌握、遵循和运用这些法则是十分重要的。

设计是一种创造性的活动，在尊重法则的基础上，采取各种手段（手法），可以构建出丰富、多样的设计方案。这往往需要设计师有充分的想像力，丰富的经验和娴熟而灵活的手法。

二、形式美的法则

形式美的研究自古代至今，有很多理论著述。城市空间形式与建筑虽有不同，但是在形式美的法则上主要是从建筑构图的原则演绎而来。原因是建筑的立面和外在形象是城市空间的重要组成因素和界面。建筑构图原则就是处理建筑与外在空间环境相互关系的规律。

1952年美国人 T·哈姆林(Talbot Hamlnm)提出形式美法则[①]，包括统一、均衡、比例、尺度、韵律、序列、规整、性格、风格、色彩共10项。1960年前苏联建筑科学院提出建筑构图法则，包括对称（不对称）、对比（微差）、韵律（节奏）、模数、比例、尺度、视线校正共7项。另有4种辅助手段：色彩与照明、装饰图案、雕塑、纪念性绘画。这两种法则的归纳，都包含了法则与手段两部分内容。为清晰起见，结合我国的实践，宜把法则和手段加以区分，但阐述时，又必须将它

们结合起来。据著者所识，城市空间设计的形式美法则主要是：

（一）统一与变化

空间形象的统一，体现着秩序与完整，使人产生美感。现代城市做到整个城市的统一，既很困难，也无必要。高度统一，会走向单调。因此，整个城市要追求多样，或多样中的统一；局部空间应追求统一，或统一中的多样。

空间统一性可利用的手段包括：建筑的形式、风格、材料、色彩的一致，同类建筑的多次重复；用同样的手法处理建筑、道路与绿化的关系；空间中主要因素的配置和布局构成一个整体等（图4-23）。

图4-23 波士顿市政广场。主体建筑与广场地面在材料和色彩上的和谐

统一的对立面是变化。变化可以使空间显得活泼、生动，巧妙地在统一中求变化，是设计师常用的手法。利用韵律、序列中的变化，利用形体、色彩的变化等都能达到效果。统一中的变化一般是"弱变"。"强变"就成"对比"或"突出"了。过度地变化就会"杂乱"。

（二）尺度与比例

尺度与比例是构筑空间形象的基本法则和"杠杆"。尺度不是尺寸。尺寸是绝对的"量"，尺度是相对的"比"。尺寸要满足使用的需要；尺度是空间中各种物质要素与空间的相对关系（比），但要落实到尺寸。人的视觉对尺度和比例是很敏感的。虽然它蕴含于空间之中，人们看不到它，却能感觉它。

"人的尺度"实际就是适宜人的视觉与感觉的尺度。例如，长期实践经验证明：在步行街上，人的适宜步行距离为300~500m；在广场等开敞空间中，人适宜的"感觉尺度"是交谈2~3m，看见对方表情小于10m，看见对方轮廓小于100m。建筑围合的广场或道

---

① （美）T·哈姆林著，邹德浓译.建筑形式美的原则.中国建筑工业出版社，1982

路，建筑高度与空间宽度有适宜的比例。以道路为例，路宽（D）与建筑高度（H）之比，D/H 为 1.5～2 视觉舒适，小于此值显得狭窄，大于此值显得宽畅，过大显得空旷。广场容量达到 $1.2m^2$/人时疏密适宜，小于 $0.65m^2$/人显得拥挤，$0.3m^2$/人则是极限密度，是"人挤人"群众集会的状况。这些基本的尺度是法则性的。由于功能或特殊需要，城市空间有时需要"超大"（指超过人的适宜尺度），此种情况下，就要在设计上采取

"视线校正"的手段予以处理。例如，天安门广场东西宽 500m，南北长 860m，是一个"超大尺度"的空间，在两侧人民大会堂和中国革命博物馆、中国历史博物馆的建筑设计上，加大了建筑的尺度（包括层高、门窗高度、基座、柱廊、柱础等各个部位），使其与广场空间的尺度相协调，弱化了空旷的感觉，是个成功的案例（图4-24）。但是，人们身处天安门广场，仍有进入"大人国"的感觉①。尺度和比例常常是杰出设计师可

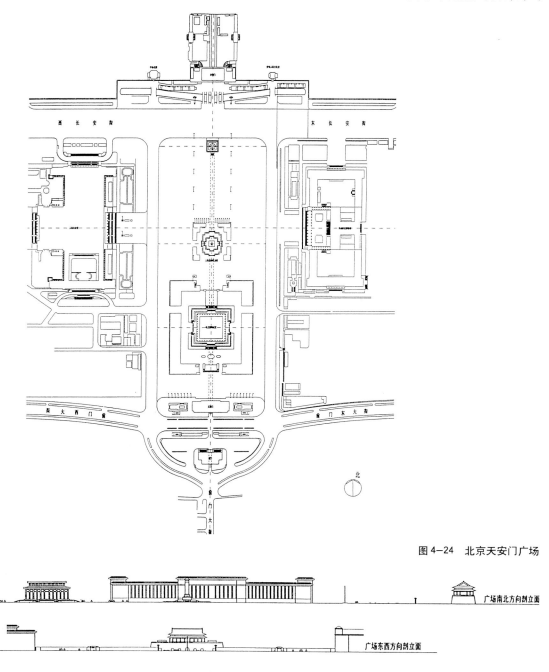

(1)总平面图

图4-24 北京天安门广场

(2)剖面图

① （英）J·斯威夫特著.格列佛游记

75

以利用的"杠杆",创造出宜人的、动人的空间,但也是一种"危险的游戏",处理不当是很难挽回的。我国近几年出现不少尺度超大的广场即是例证。

(三)和谐与对比

和谐美符合人的视觉和心理平和的需要。适当的密度、尺度相适应的形体、中间性的色调、顺畅的肌理、起伏不大的轮廓等都能取得和谐的效果。相似、相近是达到和谐的手段,对比也可以取得和谐。在很多舞蹈演出中,领舞的演员和伴舞的群体,在服饰、色彩上往往采取对比的手法,并未造成不和谐之感。对比作为和谐的对立面,经常被空间设计所采用。用对比达到协调,是高一层次的和谐。但是在同一空间中的对比,仍要注意一定的"神似",而不一定要"形似","你中有我、我中有你"。否则,达不到协调而成为生硬的"拼凑"。再以天安门广场为例。人民大会堂与中国革命博物馆、中国历史博物馆是1958年所建,与明代的天安门城楼在功能上、形体上、色彩上差别很大。设计并没有采取"形似"的做法(如果设想建两栋大尺度的仿古建筑,肯定会是平庸可笑的)。首先,这两座新建筑采取了中间性的色调,既庄重又透着"暖意",与金顶朱墙的天安门城楼容易调和;新建筑的檐板贴青、黄色琉璃,做成类似"顶"的形式,檐下贴冷色调的琉璃,与城楼的屋顶"神似"而不形似,从广场上

看,新与旧,今与古在对比的手法上取得了和谐。波士顿汉考克大厦(贝聿铭设计)与古建筑三一教堂相邻而建(参见图3-14),两栋建筑反差很大,但汉考克大厦采用镜面玻璃作墙面,在一定条件下可以反射出教堂的"倩影",这一大胆而有趣的处理,似乎也是企图达到一定的和谐效果。

(四)均衡与突出

均衡是一项重要的构图原则,在空间设计中注意构图的均衡可以取得稳定的效果,符合人们普遍的心态需要。轴线、对称是常用的取得构图均衡的手法。事实上,不对称也能通过不同的体量组合取得均衡,特别当绝对的对称在实际生活中很难做到的时候。轴线,在人造和自然的物体中是客观存在的,包括人的身体在内。因此,明显的轴线能刺激人的视觉和心理反映。轴线在空间中起着三种作用:1.导向作用(Orientation);2.组织作用(Organization);3.秩序作用(Order)。近几年我国的城市设计中很重视轴线(特别是城市主轴线的设计),采用的手法往往把一条主干道作为轴线,两旁布置大型公共建筑,轴线的尽端通向中心广场。先不说这种形式对现代交通(特别是汽车交通)不利,其手法仍然是以巴洛克式城市的排场、气势而为。中国传统的城市中轴线,以明清北京城为例,是贯穿于一系列的建筑空间之中(图4-25,并参见图2-8),起到了组织

图4-25 北京紫禁城

(1)鸟瞰全景

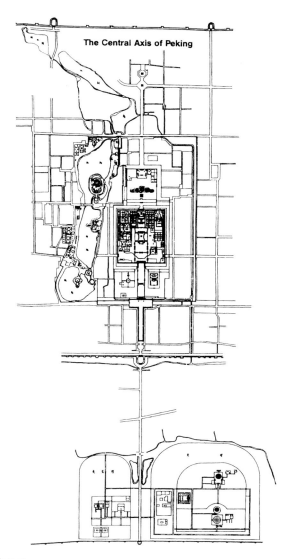

(2)中轴线

图 4-26 美国新奥尔良意大利广场

空间的作用,并达到规整有序。中国的轴线在"冥冥之中",不显露于形,却有强烈的感染力。巴洛克式的轴线显于形,但形于单,没有和空间有机地组织在一起。E·N 培根给予北京的中轴线以高度评价是很公正的。但是今天的很多中轴线,包括北京中轴线的延长部分,基本上是巴洛克式的。

突出是打破均衡的一种手法。突出能体现创新,突出给人以强烈刺激,加深人们的印象。特别在现代城市设计中,为造成某些特殊效果而采用。有名的美国新奥尔良市(New Orleans)意大利广场,用意大利传统建筑的部件、符号拼凑成"界面",以意大利国土地图作地面图案,突出意大利的风情,以"后现代"的手法,构成一个与众不同的空间(图 4-26);美国华盛顿中央绿带内的越战纪念碑(图 4-27),也是一个采

图 4-27 华盛顿越战纪念碑

取"突出"手法的优秀设计。它没有采取纪念性建筑通常采用的高耸的形式，而是采取"下沉式"墓道的方式（"下沉"也是一种突出），它既符合纪念死难者的"理性"观念，又体现了美国人认为这是他们历史上一次败仗的"低调处理"的心理意愿。因此，城市的"亮点"往往出自"突出"。但"突出"的设计也要尊重法则和灵活地运用法则。

三、工作方法[①]

工作方法要适应任务的要求和项目的特点。一般可以介绍以下几种：

（一）图底分析

这是城市设计中常用的一种工作方法，主要用于场地（或地区）的分析。目的是明晰地认识场地现有的（或设计的）建筑实体覆盖与开敞空间在量和分布上的关系与特征(图4—28)，也是认识城市肌理的重要手段。

（二）观察记注分析

设计人对场地的亲自踏勘和调查，以取得第一手资料。内容以人文社会为主，特别要注意记注对空间环境的体验与感受，既用文字，也利用地图。通过调查进行分析，成为设计纲要的基础资料。

（三）景观视觉分析

设计人对场地周围自然和人造环境，从视觉角度的分析，包括视点、主要视线和视线走廊，可能的视线阻挡等。分析中注意既要静态的，也要动态的，即从运动中，甚至在不同速度下（行车和行走）所观察到的不同图景。

（四）计算机模拟

今天的计算机技术，可以做很多辅助设计的工作，包括分析、制图及三维动画等。城市设计已普遍运用计算机，硬件、软件都能满足需要。但是，计算机的运用不能完全取代亲身的、第一手的调查，更不能取代设计师的人脑和出自人脑的设计构思。

图4—28 图底分析。 勒·柯比西耶作的三个城市的图底分析—巴黎、纽约、布宜诺斯埃利斯(自左到右)

---

① 参阅王建国编著.城市设计.东南大学出版社

第五节　案例介绍

本节选择一个美国城市设计的案例"丹佛中心区规划"向读者介绍，目的想对国外城市设计在目标设定、设计原则、内容、方法等方面的特点，以及设计的组织过程作一次了解，以供参考和借鉴。丹佛市中心的设计和改建，在美国公认比较成功，为城市带来新的活力和形象。他们的改建不是"推倒重来"，而是充实完善，"锦上添花"。这一点也有启示作用。

美国丹佛市(Denver)市中心区规划①

一、概况

丹佛位于美国中西部，是科罗拉多州（Colorado）首府（图D1）。大都市区人口170万，市区50万（约1/2住在郊区）。按人口规模排序占全美第25位，经济上为全美十大商务市场的第七位，国际机场吞吐量占世界第六位（以上是20世纪80年代中期的资料）。中心区是该城的发源地，起源于1858年，面积约3km²。

二、规划设计过程

1984年7月开始，丹佛市长任命成立专门策划委员会（包括政府、私人开发商、保护委员会等参加），组成工作班子，由28人参加，其中包括规划专家8人，设计助理7人，规划设计经理5人，助理2人，行政管理4人，领导2人。顾问24人（包括机构和个人）。

整个设计过程历时2年半，有800多位市民对规划进行过咨询，过程中召开过52次会议。

三、规划设计目标（Goals）

梦想构成规划；

规划指导行动；

行动才有结果。

我们生活在"结果"里，

所以要做最美好的梦，

为后代留下质量更好的"结果"。

主要目标：

（一）经济健康发展（图D2）；

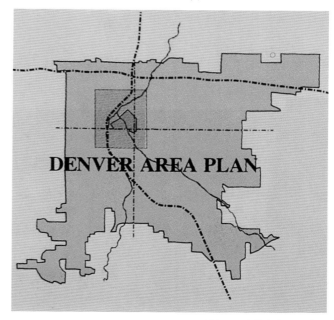

图D1　丹佛市中心区位置

图D2　健康发展的经济中心

① Downtown Area Plan, Denver USA, 1986

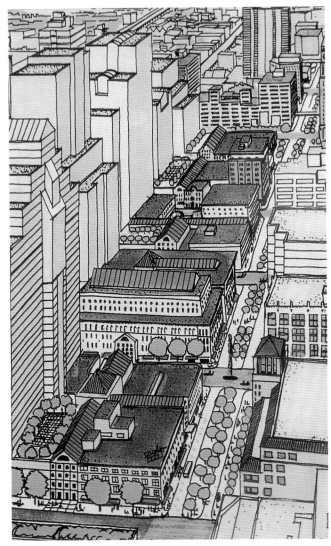

图D3 商业大街鸟瞰

图D4 加利福尼亚大街（公共交通干道）

（二）成为社会和文化中心；

（三）美观并容纳人民群众和活动；

（四）与城市其他部分友邻相处；

使中心区成为一个有人情味的、有生气的、有趣味的场所。

5项关键性需要[①]：

（一）在中心区建造一个繁荣的零售业中心（图D3）；

（二）发展中心区内各活动中心之间的联系，包括中心区与相邻各区之间在内；

（三）改善到达中心区的道路交通（图D4）；

（四）强化中心区内不同特色的地区；

（五）在中心区内布置一定的住房。

四、规划设计原则（Constitutions）

（一）健康的经济发展；

（二）集中的城市核心；

（三）生动的、群众性的场所；

（四）居住的城区；

（五）户外的城区（图D5）；

（六）有魅力的街道；

（七）步行权利的重视；

（八）历史文脉的保护（图D6）；

（九）清洁与安全；

（十）远景发展的考虑。

图D5 与自然结合的城市

① 5项关键性需要是根据E·N·培根的意见而设定。

图D6　保护历史传统地区

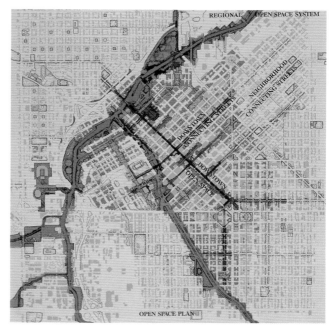

图D7　地区的开敞空间系统

五、设计构架（Framework）

（一）脊（轴线、主要道路）spine
（二）锚（对景）　　　　anchors
（三）河道　　　　　　　waterways
（四）联结　　　　　　　connections
（五）标识　　　　　　　yardsticks
（六）开敞空间（图D7）　open space
（七）住房　　　　　　　housing

六、通道（Access）

（一）中心区车行道路系统（图D8）roadway system
（二）区域性快速交通系统　rapid transit system
（三）停车设施管理系统 parking management system

七、分区（Districts）

（一）零售商业区
（二）公共中心
（三）下城区（丹佛市的起源地）（图D9）
（四）财政金融区（集中的高层高密度地区）
（五）银三角地区（低密度区、小花园）
（六）大学区

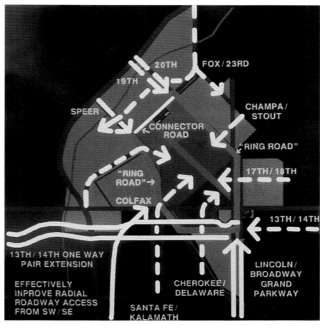

图D8　新道路系统的规划建设

（七）金三角地区（安静的住宅及办公地区）
（八）滨河地区
（九）Arapahoe三角（历史建筑衰败地区）
（十）上城区（原旧城区，居住为主）

图 D9 保留的丹佛老火车站步行地段

八、实施策略

（一）原则

1.政府与私人（非政府）投资合作；

2.州政府和联邦政府担负实施的主要职责；

3.宣传公众，用多种方式争取公众支持和理解；

4.近几年必须行动的项目应予落实；

5.政府部门、专业机构、教育、商业以至邻里社区都要了解本设计并予以支持。

（二）实施步骤

1.争取市议会批准；

2.与公众交流（宣传）；

3.长期项目纳入各种专项规划；

4.落实近期建设项目；

5.制订一个专门的城市设计行动计划（Acting agenda）。

策划委员会在设计完成后继续存在，研究实施及公众交流，每年提出报告。

（三）结论

"这不是终结，仅是开始"。

这个案例给予我们的主要启示是：

（一）原有城市中心区的设计，保持繁荣，促进经济健康发展是首要的目标。该案例采用的办法是集中设置高层高密度的"核心区"，用混合的土地利用，多样化的功能来加强吸引力，但是并没有提出过高的目标，如国际性、中央商务区（CBD）等。

（二）规划设计构架是从丹佛中心区的实际情况出发，抓住要素和要点，按照理性逻辑，推进展开。决不是从概念出发，照"框框"行事。

（三）中心区面积不大（仅3km²左右），分成10个"区"，既结合现状，又较清晰地按不同的功能和特色划分区域（与混合土地利用不矛盾），增强了可识别性，体现了多样性。

（四）用多层次和多方式解决中心区的交通和通达问题。特别是对中心区主要进出口的现有通过能力作了验算。根据对预测交通量的推算，确定对几个通过能力不足的路口进行改建，并在设计中建议修建一条地铁进入中心区。

（五）考虑渐进性发展，在中心区边缘保留了发展余地，以保持一定的弹性。

（六）重视自然因素和历史文脉的保护。设计中注意到使中心区可以见到远处的山脉和覆雪的山顶。对最早的旧火车站和市政房屋予以保存。

（七）完成设计，并不意味着终结，更大的困难是实施和实现设计。实施战略的策划同样是十分重要的。他们的战略也是强调政府的主导作用，私人企业的参与，依靠公众和城市的各个部门，而不是"由开发商牵着鼻子走"。

（八）城市设计是一种"理想"（梦），梦想成真才能有"结果"。人生活在"结果"中，也就是生活在具体的物质空间环境之中（而不能生活在梦中）。好梦造成的好"结果"就是生活质量更好的环境。这也许就是城市设计的"哲学"。

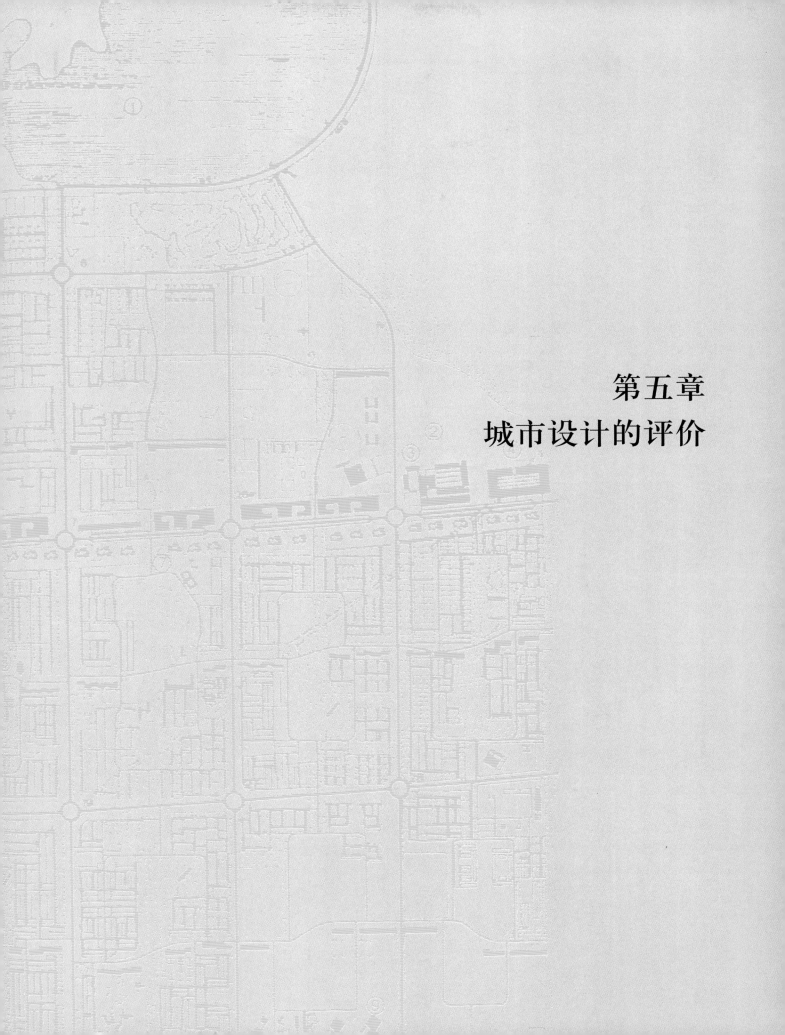

第五章
城市设计的评价

第一节　评价的意义和作用

　　任何一个学科、一项工作必然要建立自己的评价标准（或评价体系），否则无法衡量成果的优劣，检验其质量和水平。城市设计由于现代城市和现代社会的发展变化迅速，设计经验的积累不够，特别是理论研究的滞后，因此从科学意义上建立一套完整的评价标准还是困难的。但是，城市设计不能没有评价。

一、评价的重要性

　　评价与基本目标和设计原则是统一的。设计是否符合基本的指导思想、目标和原则，要靠评价来检验。当然，最终的检验是实践。

　　评价标准实际上应贯穿于设计的全过程。业主、设计师、管理者都需要掌握评价标准。"事后评价"不是一种好办法，容易产生两种倾向：所谓形式主义地"走过场"，或者使方案"推倒重来"。

　　我国实行设计"招标竞赛"制度。项目型的城市设计，往往由多家设计单位提出若干方案来比选。这是一种好的做法。但是在评审时需要一套比较客观的评价标准，以避免主观随意性。

二、两个主要评价因素

　　功能和视觉是城市设计的两个主要评价因素。

　　功能是首位的因素。它包括合理的容量、舒适的环境、多样的用途、便捷的通达等。

　　视觉也是重要的因素。它包括空间的特色、结构的清晰、视觉的和谐等。与自然的结合、历史文脉的连贯等既是功能问题，也是视觉问题。

　　虽然城市设计的主要评价因素可以概括成两类，但是在不同的城市设计项目中，评价的重点和评价方法并不完全相同。例如，在总体或分区性城市设计中，与城市总体规划和区域规划的衔接关系应放在重要位置，其用地平衡也需要和城市规划的技术经济指标相统一。居住区的城市设计涉及住宅类型、套数、密度、日照间距、绿地率、公共设施配置、停车设施等一套专项性的评价要求。几乎每一种特定类型的城市设计，都有其特定的专项要求。本章讨论的评价因素仅指一般而言。

三、两种评价标准

　　城市设计的主要评价因素在功能和视觉两个方面，这种特性决定了存在两种评价标准的问题，即客观标准和主观标准。

　　客观标准指来自于生活实践和经验的检验标准。例如，关于空间环境是否舒适，人们可以从多个方面，甚至用多种因子，定性和定量相结合地进行评价。客观标准的另一层含义是，它与城市的设计目标、原则是统一的。评价的方法，就是检验设计是否体现和落实了设计的目标和原则（图5-1）。这里指的目标和原则，既包括基本的目标和原则，也包括为具体项目而设定的具体目标和具体原则。

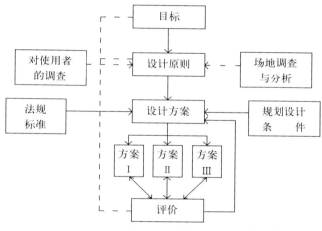

图5-1　"目标—设计方案—评价"框图

　　主观标准指的是视觉方面，涉及美学问题，评价有时因人而异。原因是：（一）人的审美观念有差异；（二）设计处于图像阶段，与实际的物质形体有差异；（三）由于设计表现手段的不同，也会给人不同的印象。主观标准也需要设定评价因素，用理性的方法协助分析和判断。

　　总的来说，评价是一种理性的工作。近几年我国一些城市在评价城市设计工作中有一种倾向：非常重视和突出设计的"构思"，这无疑是正确的，但是往往忽视理性的评价因素；所谓重"构思"，又往往只重视抓"亮点"（容易刺激人们注意之"点"）。"亮点"如果是"创新"之点，是值得抓住的。但"亮点"不一定是重点或关键点。只抓"亮点"而丢了重点就会产生片面性。如美国彼得·G·罗（Peter·G·Rowe）所说：不希望成为这样一个地方——"到那里去看看倒很有趣，但我不想生活在那儿！"①。

四、评价的可变性

评价标准和评价因素不是绝对的。它随着社会经济情况和科学技术水平的提高而变化，也和人们价值观念的变化有关。例如，1960年代前，国外城市设计重功能；1960年代后由于大规模建设对历史环境的破坏，历史遗产保护问题得到重视；1980年代后提出可持续发展的思想，促使对自然保护的重视，以及对健康安全问题的重视等，都反映在评价标准和因素的排序上。

不同的项目在评价的重点上也应该有所区别。以纪念性为主的项目，空间构思和含义，以至物化的寓意等显然是主要的。步行商业街的项目，其容量以及购物的舒适性和吸引力是主要的。居住区则以宜居性放在首位。这些不同的要求应该反映在评价标准上。

因此，评价标准和因素必须有可变性。方法是：用评价因素的项目（或因子）多少和权重的设置来适应这种变化。两个主要评价因素可以分解成若干个因子，下节将具体阐述。

第二节　评价因子

参照国外和国内有关城市设计评价的理论和实践，按照上节所述的两个主要评价因素分解成10个评价因子，作为评价的参考②。

一、适宜的容量

空间的容量是一个尺度和尺寸的问题。衡量的主要标准是，其预计或期望容纳的活动量或承载量与空间的容量或容纳能力是否相适应。容量过小或过大都是不适宜的。具体表现在面积、容积、长度、宽度、高度等"量"的平衡和相互关系上。以广场为例，我国近几年设计的城市广场，面积偏大是主要倾向，即"超量"，见表5-1：

表 5-1　国内城市若干广场面积

上海静安寺广场	$0.28hm^2$
北京西单文化广场	$1.50hm^2$
天津海河广场	$1.60hm^2$
西安钟鼓楼广场	$2.20hm^2$
北海北部湾广场	$2.50hm^2$
大同红旗广场	$2.90hm^2$
沈阳展览馆广场	$3.10hm^2$
郑州二七广场	$4.00hm^2$
南昌八一广场	$5.00hm^2$
沈阳市府广场	$5.90hm^2$
太原五一广场	$6.30hm^2$
成都天府广场	$9.20hm^2$
青岛行政中心广场	$10.0hm^2$
合肥经济技术开发区明珠广场	$10.8hm^2$
济南市中心广场	$14.0hm^2$
江阴市政广场	$14.2hm^2$
北京天安门广场	$43.0hm^2$

（注：面积在$9hm^2$以上的广场，除天安门广场外，都是1995年以后建的）

国外城市若干广场面积（供参照）

纽约市中心佩雷小广场（美国）	$0.04hm^2$
普利耶城集会广场（意大利）	$0.35hm^2$
庞贝城中心广场（意大利）	$0.39hm^2$
佛罗伦萨长老会议广场（意大利）	$0.54hm^2$
威尼斯圣马可广场（意大利）	$1.28hm^2$
巴黎协和广场（法国）	$4.28hm^2$
莫斯科红场（俄国）	$5.00hm^2$

广场偏大，超过需要容量，空间显得空旷，不够亲切。占地大，投资大，有些情况下，拆迁量也大。广场面积的确定，往往缺少论证，而且由行政领导决定，设计师很少发言权。

第二种倾向是：城市主干道或所谓景观大道的红线宽度偏宽。不少城市的主干道宽度在60m或60m以上，有的达到80～100m。主干道（包括一些中小城市）以汽车交通为主，上下6个车道的标准宽度仅22.5m，即使8个车道也不过30m，其他宽度内往往为中心绿化带，两侧是高速行驶的车行道，中心绿带不利于行

---

① （美）彼得·G·罗著，吴琼等译.21世纪对城市设计的挑战.建筑师，1998(2)
② 鉴于城市设计的多样性，此节建议的评价因子仅以城市公共空间的设计为例。

人观赏休闲，也不便于维护（图5-2）。如果红线宽度减少5m，每公里道路可以少用地5000m²，节省土地和投资。过宽的道路也不利于行人安全，当行人红绿灯闪烁更换时间过快时，行人穿越需用慢跑速度。据报载，广州某干道因过宽而成为事故多发段，每年死伤人数高出一般道路。

在中国城市，公园绿地容量低是普遍现象。不仅单个公园面积偏小，而且分布不合理。在居民集中的地区，既缺少公园绿地，也缺少广场。

图5-2 过宽的江滨大道

二、宜人的环境

宜人的标准主要是使用者的舒适问题。适宜的容量首先表现为适宜的密度，即在空间中进行各种活动时，人均占有的面积大体适当。过密使人感到"人满为患"，过稀又缺乏"人气"。不同性质的空间，各种不同的活动有不同的"期望密度"。

场所感是国外城市设计很重视的一项因素。它意味着空间"由特定的形式、事件或强烈的熟悉感而产生"，意味着空间环境要使人感到亲切，得到某种享受和满足（图5-3）。

图5-3 亲切宜人的购物空间

居住区的舒适宜人主要表现在安全、安静、生活设施齐全等。其他公共空间的舒适也包括安全——活动的安全、行走的安全、休憩和交往的安全等。安全的设计首先表现在把行走和车行分开，同时也表现在很多细微末节之处，如地面的光滑度，坡道的斜度和防滑处理，高差处的防护栏杆，必要的监视措施，防火措施以及全部活动空间的"无障碍设计"等。

空间场所休闲和交往的设施，如座椅、饮水、公厕、食品购买等，还包括清晰的标识指示系统等都是必要的。

舒适与空间的色彩、音感等也有关系。休闲空间的色彩应以柔和淡雅为主。要避免噪声（包括交通噪声）的干扰，公共空间的背景音乐以轻音乐为宜。

城市设计是一个实际生活问题。宜人的环境就是生活需要的反映。

三、多样的综合

现代城市的生活方式：节奏快、生活需要多样化；既讲究消费，又追求效率。城市土地珍贵，地价高昂（特别是大城市中心地区），现代技术条件日益进步、完备，因此公共空间的用地进行综合利用，设施的形式、类型、内容的多样化已成为一种比较普遍的趋势。空间功能的综合和多样，非但是设计原则，也是评价的一项标准。实际上，如办公、餐饮、购物、娱乐、旅馆等功能完全可以布置在一个空间中，甚至组成一个大型的建筑综合体。我国由于体制等原因，这样的设计还不多。北京东方广场除了选址不当外（指与旧城和故宫的空间关系），功能上采取综合、多样的形式是适当的，可惜建筑设计上显得单调乏味（图5-4）。

图5-4 北京王府井东方广场
　　一个多样化的场所，但是庞大的形体、平庸的形象，"占据"了东单的传统空间

四、便捷的通达

通达性是城市设计的一项重要评价因子。空间的通达主要表现在三个方面：一是所有通向空间的出入口与城市的道路系统有直接的联系，各种交通方式，包括公共的、私人的都能够方便到达。二是出入口的通过能力能满足平均最大交通量的通过，集散的时间是可以接受的（这一点对群众集会而言涉及安全问题）。三是有必要的停车设施[①]。

五、与自然的结合

城市设计中与自然结合的优劣，主要应评价的：一是空间结构与周围的山水是否有机结合，包括显山露水，亲和水面，充分利用水边为人们提供休闲场所；二是对场地地形、植被、树木、水面的保护和利用；三是在空间设计中再造自然，即绿化，包括树木、草地、花卉，保持场地一定的绿地率等（图5-5）。

图5-5　绿化的空间，澳大利亚墨尔本城市公园，大树加草地

与自然的有机结合，有利于提高生态环境的质量。据研究资料，空气中负氧离子（被称为空气中的维生素）含量，在城市公园绿地一般能达到人的正常需要，而在郊野森林，含量高于公园100倍，在设空调的房间里，含量仅为正常需要的2.5%。

六、文脉的连贯

历史文脉的继承与连贯，主要的评价标准，应放在对场地和周围环境影响范围内历史文物和历史建筑的保护上（图5-6）。除了对文物本身的保护外，还包括对其环境保护区的严格控制。在历史文化名城中的城市设计项目，要与名城保护规划相衔接。对历史街区、历史街道的设计要谨慎地保持其原有的历史风貌（图5-7）。近年来有些城市建设的"仿古一条街"等，并不是真正地继承历史文脉，只能说是一种商业化的旅游趣味而已。

(1)西安大明宫遗址保护(保护柱位)　　图5-6　城市中的历史保护

(2)日本奈良保存的平城京遗址

---

① 这里提到"必要的"而不是"足够的"，是因为车辆增长很快，停车需求不可能百分之百满足，特别是市中心区，保持一定的短缺，是促进使用公共交通和控制私人交通需求的一种措施。

(3)英国某城镇保留的过街门洞

(4)土耳其伊斯坦布尔保留的古输水渠

(5)德国某城镇保留的城门楼

旧城保护或改建性质的城市设计,如何处理好新建与保留旧有建筑的关系是评价的重点。新旧的有机结合可以有很多做法:形体上、高度上、色彩上、风格上、门窗等细部上的相互协调,以及从空间上、肌理上的协调统一。当然,采取对比的手法,在一定条件下也能取得成功。在旧城区改建中,最不可取的就是把原有建筑全部拆除(棚屋区除外)。

七、清晰的结构

空间结构的清晰是有序性的表现。现代城市的功能多样而交叉,结构形式与多种功能的有机结合,是城市设计艺术性高超与否的重要检验。就一般城市空间设计而言,结构清晰与否大致取决于以下几个因素:一是空间的中心,包括它的内容位置和形象;二是各种功能的主次,包括它们在空间中的位置;三是联系空间各部分的通道,它们所构成的网络形式,以及它们是否容易被识别;四是空间的边缘和标志,是否有较强的可认知性和领域感等(图5-8)。

图5-7　古镇街道—上海朱家角镇

图5—8　德国Karlsrule城区，结构清晰，明确有序

八、视景的和谐

在结构清晰的条件下，视景和谐成为评价城市设计艺术性的一个关键因素。从视景来评价意味着以人为主体，以人对客体的反映和感受作为标准。第四章已论述了"感受"这个课题。首先，视景即人所看到的图景。图景给人的刺激（或感受）是否符合空间的性质（或性格）是个前提问题。例如，以商业娱乐为主的场所，应该表现为欢乐、热烈；以纪念性为主的场所，应表现为肃穆、庄严；以文化为主的空间，宜表现为舒展高雅，等等。其次，空间设计中包含着建筑、园林、雕塑、小品、其他各种设施，以至地面、墙面、装饰、壁画、路、桥等多种多样的物质因素。好的城市设计应该进行综合性的环境设计，把一切因素都调动起来，为主题的凸现和视觉的优美而服务。

建筑是城市空间的重要因素，通常在空间中占据着中心和主体的位置。重要建筑的设计，其艺术质量对空间形象或视景影响极大。建筑的形体、风格、色彩往往是空间性格的集中表现，因此它们之间的和谐与协调是个重要的关键问题。城市设计对视景的评价不能离开对建筑的要求，但是不能取代建筑评价。另一个特点是，人在城市空间中看到的建筑都不是孤立的，而是成组（群）、成行（列）的。因此建筑的组合形式，轮廓线是城市视景的重要组成部分。有名的例子，如北京建国门大街北侧国际饭店、交通部、全国妇联三座相邻的大楼，"各自亭立，互不相关。"虽然从建筑设计评价，三者都堪称佳作，但从城市设计看，则是一种"遗憾"。

九、空间的特色

空间的特色表现在两个方面：实体空间的特色和人文社会的特色。实体空间特色由以下几个因素构成：一是与自然结合的形式，如傍水依山，山地起伏，古树参天，奇花异草等；二是与历史文物、历史建筑的结合；三是新建筑的特色，如空间中有几座建筑艺术质量很高的建筑，或有统一风格或色调的成片建筑；四是园林绿化的特点（如统一的行道树：法国梧桐、国槐、芙蓉等）；五是独特的道路形式（如旧金山的花园弯路）（图5-9）。还有个别案例，如荷兰鹿特丹的"立方体"住宅（图5-10），为了表现特色，似乎到了"语不惊人誓不休"的地步。

人文社会的特色集中反映在不同性质的场所精神上。好的设计能充分挖掘和利用城市的人文历史资源，利用丰富多彩的城市活动，创造出有特色的空间场所，如上海城隍庙、南京夫子庙、北京天桥等，其特色是别处无可取代的（图5-11）。利用城市中历史名人、著名历史事件或历史活动发生地创造有特色的空间，也不乏佳例。如法国卢尔市圣女贞德遇难纪念地，就设计在道路中间遇难的原址上（图5-12）；华盛顿首都特区自由广场的地面以1789年朗方所绘的规划图作图案，周围镶刻名人语录等，都很富有特色。

图5-9　厦门市府大道花园东路，线形微弯，步行道与自行车道色彩分明

(1)南京夫子庙　　　　　　　图5-11　人民喜闻乐见的场所

图5-10　荷兰鹿特丹的"立方体"住宅

(2)上海城隍庙

图5-12 法国卢尔市圣女贞德遇难纪念地

图5-13 莫斯科红场 (1)广场景观(克里姆林宫与华西列教堂)

十、发展的余地

城市设计的实现是一个长期、连续的过程，往往需要渐进式的发展。以广场为例，欧洲很多著名的广场，建设过程历经几百年的不在少数。以著名的莫斯科红场为例（图5-13），其围合建筑的建设年代为：克里姆林宫13世纪，华西列大教堂16世纪中期，国家历史博物馆19世纪后期，大百货公司19世纪末，列宁墓1930年。经过漫长历史时期建设起来的红场，既多样并富有变化，又显得统一和谐。如果设想短期内"一气呵成"，可能反而达不到如此效果。如果当年不留有发展余地，也就没有渐进发展的可能。一个广场姑且如此，一个城市或城区就更是"不言而喻"了。发展余地主要指空间或土地，另一方面也意味着进一步修改完善和发挥的余地，具有弹性或可适应性。

在技术性的评价因子以外，一般的城市空间还应该评估其对增强城市活力和竞争能力的作用和意义，并从经营和维护方面分析其可操作性和现实性。

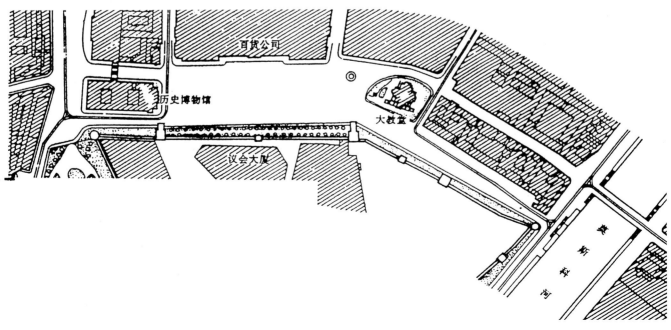

(2)总平面图

第三节 介绍国外的几种评价标准

一、美国

美国十分重视城市设计的评价，特别是从20世纪60年代以后，城市设计的思想、理念、方法有很大发展和变化，设计的领域、范围扩展，设计活动增多，同时，设计评价和分析也得到开展。其特点是，评价和研究相结合，评价因素体现着设计的理念；评价与总结实际设计的经验相结合，因而比较切合实际，比较实用，这是值得借鉴的。

（一）美国M·索思沃思（Micheal Southworth）关于城市设计评价的研究[①]。索思沃思收集美国自1972年以来138个城市设计规划的实例资料，对其中70份（来自40个城市）案例进行了分析，探讨城市设计的发展趋势。传统的观点认为城市设计涉及的是城市"美"的问题，而今日涉及的除了"美"之外，主要是环境质量问题，是与满足人的基本需求相联系的。如区分不同场所，步行的舒适感，从喧嚣的交通噪声中解脱；寻求休闲与交往的空间等。70个案例涉及的环境质量内容达250种之多。大致可归纳为以下若干大类：

结构及其清晰度；	多样性；
形式；	协调与和谐；
舒适与便利；	开放性；
可达性；	社会性；
健康与安全；	平等；
历史保护；	维护能力；
活力；	适应性；
自然保护；	含义和控制。

在每类问题中，还进行了过细的分析研究。例如，对步行者的分析，其内容包括：日、时的步行者流量、拥挤程度、人车的冲突点、步行距离、步行路线、步行流源、步行道宽度及条件、步行者对步行道的使用方式以及步行感受等。依此类推，可以看到城市设计与评价的考虑深度与细致程度。设计师常用的方法是场所分析和环境模拟（以各种手段模拟和展现设计的空间环境，以便分析和评价）（图5—14）。

（二）美国旧金山城市设计方案（1970）确定的城市设计原则[②]。旧金山城市设计方案（1970）是一项被公认为较好的案例。方案中确定的10项设计原则，又被称为"基本概念"，成为美国1970年代以来的一种范式。它们是：

1. 舒适（amenity/comfort），主要指环境的质量，

图5—14 某城市空间环境效果图

---

① 赵大壮.美国城市设计之启示.国外城市规划，1992(2)。
② （美）H·雪瓦尼著.王建国编译.城市设计的评价标准.国外城市规划，1990(3)

重视步行环境的改善;

2.视觉趣味 (visual interest),指环境的艺术质量,包括建筑和建成环境,也包括细部使视觉愉悦;

3.活力 (activity),这是城市动态性的反映,刺激人们的感受,也包括创造"街道生活"在内;

4.清晰和便利 (clarity and convenience),提供步行优先权,为步行环境提供设施与方便;

5.特色 (character distinctiveness),强调城市结构和空间的可识别性、特征或个性的重要性;

6.空间的确定性(defination of space),强调建筑与开敞空间的界面,形成外部空间形式的清晰与愉悦感;

7.视景原则 (principle of views),包括人的方位感、街道、建筑的布局与空间组合是影响视觉美感的关键因素;

8.多样性／对比 (variety/contrast),建筑的布置和风格,以及区域和邻里中的趣味焦点;

9.和谐 (harmony),涉及建筑形式与地形特征的关系、变化、尺度与形体组合的关联性等;

10.尺度与布局 (scale and pattern),主要指围绕"人的尺度"的城市环境中有关建筑体形、体量、组合以及远处观察的视觉效果等问题。

旧金山是一座山地城市,从以上10条原则可以看出,该市的城市设计非常重视建筑布局与自然地形的关系,重视视觉效果的和谐与愉悦。在这些城市设计原则的基础上,1982年制定了中心区设计导则,对旧金山的城市设计与建设起了很好的指导作用。

(三) 美国城市系统研究和工程公司 (USRE) 提出的城市设计标准 (1977)[1]。

该公司于1977年提出的8项城市设计标准,比旧金山1970年的10项原则有所发展和提高,简介如下:

1.与环境相适应 (fit with setting),这是一项协调性的评价,包括与历史、文化要素的协调;

2.可识别性的表达 (expression of identity),由使用者评价的,空间个性的视觉表达和社会与功能的作用,强调视觉上的能够被认识;

3.通道和方向(access and orientation),包括出入口、路径、结构的清晰、安全,目标的方位和标识、指示等;

4.功能的支持 (activity support),空间的领域限定,相应功能的明确性,以及与提供的设施相关的空间位置等;

5.视景(views),研究原有的视景和提供新的视景;

6.自然要素 (natural elements),通过对地貌、植被、阳光、水和天空景色所赋予的感受研究,保护、结合并创造富有意义的自然景象;

7.视觉舒适(visual comfort),保护视域免受不良因素的干扰。不良因素包括:眩光、烟、灰尘、混乱的招牌或光线、快速的交通和其他一切讨厌的东西;

8.维护和管理 (maintenance and care),便于使用团体维护、管理的措施,在设计中予以考虑和提供。

二、英国

本书第一章提到1979年英国皇家城市规划学会(RTPI)组成的城市设计小组通过10年的研究和实践,对什么是"好的城市设计"提出了他们的见解[2]。由于英国与美国有文化上的相通性,在城市设计评价标准上也有很多共同之处。

英国关于"好的城市设计"的评价标准,要点如下:

(一) 重"场所"(place),而不是重建筑物。他们认为城市设计的结果不是堆砌一组"美丽的"建筑物,而是提供一个好的场所为人们享用。

(二) 多样性 (variety),不仅在形式,也在内容。与多样性相联系的首先是土地的"混合使用"(mixed uses)。多种活动内容能使人产生多种感受。多样性还意味着建筑类型和形式的多样,可以吸引各种不同的人,在各种不同时间,以各种不同原因来到这里。这是创造赏心悦目城市环境的一个重要因素。

(三) 连贯性 (contexturalism),指在旧城市进行城市设计时敏锐而仔细地对待历史的和现有的物质形体结构。人们愿意接受有机的、渐进的增长和变化,喜欢"历史的混合"。急进式的"面目全非"式的变化,会超过人们的心理承受能力。

(四)人的尺度 (human scale),以"人"为基本出发点,重视创造舒适的步行环境,重视地面层和人的视界高度范围内的精心设计。

(五)通达性(accessibility),使社会各个部分的各种人 (不分年龄、能力、背景和收入) 都能自由到达城市的各个场所和各个部分。

(六)易识别性 (legibility),重视城市的"标志"和"信号",这是联系人和空间的重要媒介。

(七)适应性(adaptability),指成功的城市设计应具有相当的可能性去适应条件的改变和不同的使用及机遇。

---

① (美) H·雪瓦尼著,王建国编译.城市设计的评价标准.国外城市规划,1990(3)
② 邹德慈.当前英国城市设计的几点概念.国外城市规划,1990(4)

第六章
城市设计的实施与管理

第一节　城市设计的实施

一、成果类型

第一章介绍了城市设计的三种工作类型：开发型、保护型、研究型。城市设计项目又可分四类：项目设计、系统设计、总体设计、区域性设计。但是就成果性质划分，基本是两种类型：

设计类型

导则类型

设计类型包括三种工作类型的四类设计项目，这是大量性的成果形式。导则类型分三种情况：（一）项目设计成果中的导则部分，以文字形式表达；（二）对城市整体、部分地区或某个系统所提供的城市设计导则，以文字为主；（三）政府（包括中央或地方）对城市设计的政策或指引。

这两类成果都能起到城市设计的作用。设计类型提供具象的空间形体环境，容易被直观地解读，受到人们的重视和欢迎；导则类型是对城市空间环境的设计和建设提出指导性的准则、标准和方法，起着经常性的作用，是间接而不直观性的设计，常常不容易被重视。其实，两类成果都很重要，都需要得到实施，但是应该用不同的方法。

二、设计类型成果的实施

城市设计成果的实施，在中国当前情况下，有两个特点：（一）由于城市设计没有进入我国城市规划的法定体系，因而不具有法定性质，它的实施与城市规划（特别是法定性规划）不同。（二）城市设计具有设计性质，但它的实施也不同于所有的工程设计（包括建筑设计），因为它不是一次建成（一部分设计可能一次建成），又没有实现设计的期限（如同城市规划）。它是一种方案，它要通过若干环节才能成为建设的"蓝图"。

设计类型成果并不是都能得到完全实施的。国内外的实践都说明了这个特点。第五章提到美国 M·索思沃思的调查研究[①]，在 70 个美国城市设计的案例中，方案目标全部实现的占 16%，多数目标被实现的占

52%，少数目标被实现的占 29%，没有一个目标实现的占 3%。说明能全部实现的仅占 1/6 左右，所幸的是，全部无用的是少数。调查还表明，设计的主要支持者（依次排序）是：政治领袖、土地所有者、开发商、当地商界、各种城市机构、居民和保护团体；主要反对者也是土地所有者、开发商，有时还有商界和建筑师。美国虽与中国国情不同，但是这个现象很值得参考。20 世纪 90 年代以来，我国的城市设计出现"热潮"，设计类型的成果占大多数，项目设计多数集中在广场、步行商业街、滨河绿地、城市中心区等，也有像城市新开发区、大学园区、科技园区、新型的工业园区等地区性整体设计。一部分城市做过总体性的城市设计，有的称为"景观风貌规划"，也基本属于同类性质。由于政府强有力的领导和支持，各部门协调得力，大部分项目设计均能在较短时期内得到实现或部分实现。这样的"记录"，可能在世界上是少有的。

中国城市规划学会、河北省建设部门等近年来曾对城市设计如何结合我国城市规划编制体制进行过研究，制订出"导则"和"指引"。其目的是把城市设计成果吸纳到相应的规划编制程序中去，以利于实施。例如，城市总体性的城市设计和景观风貌规划纳入城市总体规划，作为规划的一个组成部分。2002 年完成的汕头城市设计与汕头城市总体规划的修编工作，均委托中国城市规划设计研究院一家机构进行，时间同步，工作上互相协调渗透，在城市中心区设计、新区开拓、城市主要标志物位置等方面的结合，都有较好的效果。总体规划经国务院批准后，城市设计的成果也就有可能得到实施。河北省建设部门拟订的"城市设计技术导则"（讨论稿），将城市设计分为三个层次：区域城市设计，总体城市设计，详细城市设计，与城市规划的层次与阶段基本对应。

区域城市设计的内容具有战略性特征，包括区域的景观风貌、城镇布局的空间形态、交通走廊的环境策略、区域生态、环境、社会文化、人文活动以及历史文化遗产、自然景观资源、海洋江河岸线等的保护和开发策略等。

总体城市设计的内容包括城市风貌特色、空间形态、竖向特征（天际轮廓线）、建筑高度分布、景观视廊、建筑特色、开敞空间和公共绿地系统、分区、街道、人文活动体系等。

详细城市设计主要是城市重要地段、地区、园区

[①]（美）M·索思沃思著，张宏伟译.当代城市设计的理论和实践.城市设计论文集

的设计,内容包括空间、道路、绿化、景观等的形态设计。设计成果与控制性和修建性详细规划相对应。

在我国现行的体制情况下,设计类型成果的实施,主要通过两种途径:

(一)城市设计成果纳入相应的城市规划,通过法定的(经过批准的)城市规划得到实施。城市设计是个"梦",是个"魂"(技术语言讲,是个"方案"),城市规划是"体"。魂要附体才能成为一个活生生的"人"。城市设计与城市规划一样,实施不在一时,而在一个长期的过程。实施的过程中还要进行不断的补充、完善和修改。

(二)设计的项目很具体,要求一次建成(如某些广场)。这样的城市设计成果被批准后,可按照控制性或修建性详细规划的技术要求,落实到下一层次的修建设计(如建筑设计、园林设计、市政工程设计等),经过建设程序,直到建成。

以上两种途径,在我国现行体制下都是可行的(图6-1)。

三、导则类型成果的实施

导则类型成果是城市设计的另一种表现形式,而且是一种很有效、很实用的形式。第五章介绍美国旧金山1970年和1982年的城市设计导则就是一个很好的案例。导则的特点是:基本覆盖整个城市或城区,涉及从整体到局部的所有方面。经过批准后的导则,有点像本城市在城市设计方面的"百科全书"。它不是具体项目的城市设计,而是指导城市所有的设计。它又是日常规划管理的"手册",管理人员凭借它来审批规划和建筑项目的许可证。它也是城市委任的城市设计顾问或专家评审设计的依据。我国情况下,很多领导者、规划部门,包括规划设计专家对这种"非图示性"导则的重要性认识不足,因而实践还不多。现举深圳市的案例,介绍给读者。

深圳市国土规划局于1997年委托中国城市规划设计研究院深圳分院编制《深圳市建设场地环境设计标准与准则》,于1999年5月被批准执行,得到实施。该准则还不是一种城市整体性的设计导则,而仅限于建设场地的环境设计,但是实施后对城市环境素质的提高起了积极的作用。"准则"的内容包括:场地环境设计的原则、内容、分类和对各类场地环境设计的要求、规定等。"准则"将场地的环境要素分成12类:

(一)场地自然环境
(二)场地道路
(三)场地停车场
(四)场地绿化
(五)硬质地面
(六)水面、水景

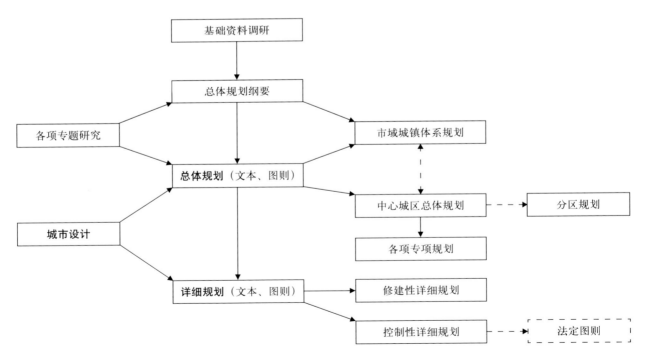

图6-1　我国现行城市规划编制体系

（七）围护设施

（八）环境小品

（九）雕塑

（十）广告、标识

（十一）场地照明

（十二）场地市政设施

从实践看，导则的积极作用应该肯定。但在实施过程中应注意两个问题。一是导则内容既要具体明确，又要避免过于琐细和过分"刚性"，从而影响形体设计的创造性和积极性；二是要注意一定时期后的补充与修订，使其不断完善。

第二节　城市设计的管理

一、特点

城市设计的性质及类型决定了对它进行管理的特点。"城市设计是一个连续决策过程"①，因而设计过程的管理重于对设计项目的审批。与城市规划的特点一样，动态的管理重于对一幅远景（有时是无期限）的静态图景的管理。从实践看，设计过程管理的关键点一般可分为三段：

（一）问题（或题目）的提出。在中国情况下，城市设计的题目往往由政府（业主）提出，设计师较少参与。实际上，这是设计过程的"源头"（或缘起），是很重要的事情。题目应该出自对城市全部环境问题的研究，然后按照需要与可能，区别轻重缓急而提出。而且还要研究与题目相关联的各个部分是否能够配合协调（例如社会服务设施、交通道路、市政工程设施等）。但是，在不少情况下，项目的目标和任务要求往往过于笼统和缺少论证，如旧城区改建"一年小变、三年大变"等，不便于操作。对于"出题"的管理主要是个科学决策和民主决策的问题。政府应该利用城市规划部门作好调查研究，并采取公众参与的方法征集民意。

（二）设计方案的制定。这是一个重要的关键阶段。方案制作通常采取招标竞争和委托两种方式。近几年多数采取招标方式，不少城市（不仅大城市）喜欢国际招标。招标方式的优点是可以征集多方案进行比较，选择其中优秀的方案。由于引入竞争机制，可以激发设计单位和设计人员的积极性，国内外设计单位共同竞争，有利于互相交流和提高。这个步骤的管理也很重要，除了要严格审核邀请参标设计单位的资质外，认真拟订标书（即设计要求）是十分重要的环节。业主或政府有关部门往往对后者重视不够，设计要求没有经过认真研究，或者含糊笼统，或者要求做得过深过细，都会影响方案质量，成为"答非所需"。下一个重要环节是专家评审。非本城市的专家，在没有很好了解城市实际情况的条件下，在一两天内对于一个比较复杂的城市设计作出评审，也非易事。

城市设计不同于建筑设计，这种套用一般设计的招标方式不完全适用于城市设计，包括投标工作时间很短，极端例子是某大城市沿江两岸（包括商务中心）的设计工作时间仅7天（在现场进行），显然无法保证设计的质量。著者认为，设计制作阶段，包括评审定案的管理应该重视，除招标方式外，根据城市设计的特点，委托方式也是可取的，特别对于导则型的城市设计更是如此。无论哪种方式，都应该加强调查研究，按步骤、按要求完成设计。

（三）设计后的管理。这个过程可能比前两个过程更长，国外有学者认为，城市设计是无限期的。这个说法有一定的道理，因为城市设计不是设计一个静态的物体。一是城市空间环境的建构不容易一气呵成；二是即使呵成了，随着时间的推移，空间环境还会变化，有时是渐变，有时甚至会突变。美国的经验也是如此。有的城市设计项目，刚建成时感觉很好，过几年就发现变了。对这个过程的管理应该是连续的信息反馈和监控的过程，要对应变化和不断地修改完善。

对上述过程的管理，主要依靠机构和一定的机制。从政府（包括中央和地方）层面看，对城市设计的管理还要依靠政策和指引，即指导性的管理。例如，本书第一章提到的澳大利亚总理委托专家小组提出的《城市设计在澳大利亚》的报告，带有政策的性质。美国自1969年把《城市环境设计程序》作为国家环境政策的一部分，1974年又通过《住房和城市政策条例》，为美国城市设计的审查制度奠定了基础。同时，城市设计作为一种公共政策出现②。中国目前在国家层面还没有出台明确的城市设计政策或指引，只有少数地方政府颁布一些规定，如山东省对城市广场建设的规定等，这

① 王建国编著.城市设计.东南大学出版社

② （美国）J·巴尼特(J·Barnett).作为公共政策的城市设计，1974

些显然是不够的。

二、综合协调

城市设计的管理过程也是一个综合协调的过程。协调的实质是利益。在城市设计领域，牵涉利益的主要方面是政府、土地所有者、土地开发者、经营者、使用者（居民大众）、受损者（指被拆迁的居民）。共计六方。

（一）政府是主体。设计任务和目标的确定是政府的职责。设计的成功，发挥了应有的工程效果，是政府的实绩，也包含着主要领导人的政绩。

（二）土地所有者。在西方城市是握有很大权力（或权益）的一方。一定程度上，甚至是操有最大否决权的一方。在中国情况下，城市土地是国有的。政府有很大的支配权，制约因素是规划管理、土地管理、场地上现有的土地使用者（单位或个人）等等，但是只要政府一旦决定，这些制约因素不难解决。

（三）土地开发者。一般情况下，城市土地开发分两个方面，政府负责基础设施，建筑物的开发依靠企业；在特定情况下，如社会性的建设（博物馆、图书馆等），可能全部靠政府。另一种情况（如商业中心等），也可能全部靠企业。总之，土地开发是需要政府与开发企业合作进行的。开发企业在合作中必须得到应有的利益。政府也要控制企业，不使其获取超额的或非法的利润。

（四）经营者。指的是空间场所建成后，利用优化的环境条件进行经营活动的单位或个人。他们是受益者，理应付出一定的代价。代价的一部分体现在建成后房屋的售价或租金上，城市设计在方案上应考虑为他们的经营创造条件，另一部分代价应体现在为公共利益作出贡献上。举例而言，香港中环（CBD地区）空中廊道的建设，实现人车分道，为保证行走安全，缓解地面交通起了重要的作用。该空中廊道穿越和连接数栋商业办公大楼的商业楼层，占用大楼的楼面面积。香港政府规划署为此做了大量协调工作，当商家们认识到廊道通过虽占用了一些面积，但每天川流不息的行人也为他们带来不少商机时，协调就成功了。

（五）使用者。公众是优质环境的受益者，从纳税人的角度看，他们也是业主的一分子。他们的利益和政府的利益是一致的。政府应该代表公众的利益。公众在城市设计的全过程都应该有发言权，在协调中也可以有所作为。例如通过人民代表大会制度或社区民间的方式等多种渠道和方式，把民意渗入到设计和管理中去。

（六）受损者。通常指场地上原有的单位和个人，他们的房屋需要拆除（或部分被拆除），个人需要迁移。政府或开发企业应照章给予补偿和安置。这是一项复杂而细致的工作，有时充满了各种矛盾。只有按政策做好耐心的说服和实际的工作，才能使设计得以顺利实施。

所有这六个方面的综合协调，政府都是主要的协调者，承担着不可推卸的职责。城市设计师是政府的重要参谋。

综合协调还有其他两个方面：政府内多部门的协调和设计工作上多专业的合作。

城市设计往往要涉及政府很多部门，除了城市规划外，还有建设、土地、环境、园林、市政、经济、商业、旅游、交通、水务、消防、人防、供电、卫生、教育等很多部门，有时还涉及文物、宗教等部门。各部门在城市空间上有管理权限、范围等方面的交叉，也有一定利益上的矛盾。各部门的规章对城市设计也有制约的作用。部门之间的协调工作由政府来做，在中国的情况下是比较有效的。

城市设计是一项综合性的设计工作，需要多专业协调配合下进行。城市规划、建筑学、园林绿化是主要专业，其他还涉及市政工程、交通、电力、水利，以及经济学、地理学、社会学、心理学、统计学、法律、计算机等多种专业。多专业结合的方式，一是在设计过程中，以一两个专业为主，若干专业人员（根据项目需要）参加；二是主要的设计师应具有多专业的相关知识。

三、公众参与

从理论上讲，城市设计的公众参与是天经地义的事，但实践上总是不尽人意。美国是实行公众参与较早的国家，据统计，从1960年代～1990年代，有超过2/3的城市设计，不同程度地组织了公众参与。这方面做得不够理想的原因，美国的总结有两点：一是政策态度的变化；二是缺少费用。

城市设计依靠行政性的审批（这是中国传统上最重视的），仅是管理的一个方面，另一方面就是依靠公众。既然公众是城市设计的最大使用者、受益者，公众的评价和认可应该是最好的审批。

我国当前在城市规划和城市设计上的公众参与，既不够普遍，也不够深入。一般的方式停留在设计前的民意调查和设计完成后的征求意见。有时还包括方案过程中向地方人大负责人的汇报等。结合国内外实践的经验，公众参与的主要环节和方式，大致有：

（一）宣传公众。用各种方式，使公众认识和了解城市设计，这是做好公众参与的前提。城市设计（包括城市规划）既不神秘，也不深奥，完全可以被公众理解和解读。

（二）设计方案前的调查和研究。用各种方式了解民意，特别现在利用网上问卷调查，可以迅速获得大量信息。但并不排除直接访问、开座谈会，甚至组织公众代表小组共同考察场地等多种做法。

（三）直接参与设计。我国尚无这方面的实践。可能由于国情、民情的不同，美国、日本自20世纪60年代末以来，出现一种"公众参与设计"的做法。它强调的是"与公民一起设计，而不是为他们设计"，认为"设计者从群众中学习社会的文脉和价值观，而群众则从设计者身上学习技术和管理"。这种做法主要在小规模的设计项目中进行，为社区居民改善生活环境质量。在美国的城市设计项目分类中的"社区设计"①，和日本从横滨开始实践的"城市创造"活动等，都表现了这种参与的做法。中国也许还缺乏实行这种方法的基础和条件。但是近年来大城市正在倡导和推行社区建设。大量的小城镇和乡镇似乎可以试行这样一种由专业人员和公众相结合的设计方法。

（四）设计方案的审定。当前通常采用公开展示的做法，征求意见，甚至投票。有的城市还把设计方案挂在街头，让公众广泛评议。同时还可起到教育公众，树立爱护城市和增强凝聚力的作用。

（五）经常性的参与制度。让公众经常关心和监督城市空间环境的质量。城市可以举行定期的公众听证会或质询活动，设置固定的城市规划展览馆，定期举行城市设计和建筑设计的群众性评奖活动等。

四、机构与机制

城市设计的管理需要一定的机构和机制。从国外情况看，各国情况不同。总的趋势是，把城市设计纳入相应的城市规划行政管理机构，建立一定的审议制度和审批制度，政府通过制定城市设计政策和指引来指导城市设计，审议主要依靠专家（主要由本城市专家组成顾问委员会等）。美国、英国、日本等国家几乎

都是从20世纪60年代后建立起机构和制度。如美国纽约的城市设计审议主要依靠城市规划局和城市规划委员会，旧金山的城市设计审查也由城市规划部门提呈城市规划委员会进行。英国在二次大战后的《新城法》中即已明确了城市设计与行政机构的关系。日本横滨通过成立城市设计室，集中一批多种专业的技术人员，专门从事城市设计工作，取得成效。俄罗斯沿袭前苏联的城市总规划师、总建筑师制度，其职责是对城市空间设计和建筑设计"把关"，当市长的参谋和助手。实行议会制的西方国家，城市设计的批准权在议会。

我国的城市设计，大范围开展的时间还较短。现在沿用的机构和体制，基本上是依附于城市规划，只有少数城市如深圳，在国土规划局内设有城市设计处。机构、体制不健全的原因之一是城市设计没有法定性的地位。基于城市设计的重要性愈益显现，对城市空间环境质量的要求愈来愈高，建立适合我国情况的城市设计管理机制已是迫切需要了。

第三节　人才的素质

城市设计的管理，一靠机制（包括一定的法制）；二靠人才。归根到底，要靠人才。

一般人理解城市设计的人才，仅指设计人才，或者指少数那种想像力丰富的，能经常迸发出"火花"和"亮点"的"聪明"规划师或建筑师。这种看法显然是片面的。如果业主（或政府领导）带有这种片面性，容易导致设计机构和设计师个人"投其所好"地炮制一些"夸张"的、"浮华"的方案来取悦业主，甚至培养出一些"枪手"（专门善于"夺标"者）。这样的"枪手"不是真正的人才。

用各种规章、标准、审查等机制来管理城市设计，仅仅是一个方面。做出好的城市设计才是管理的根本目的。好的设计需出自高素质的设计师。

高素质的城市设计师应该是品德、知识、技能全优。

（一）他们必须具有坚定地为人民大众服务的志愿和思想；

（二）他们必须有奔驰的想像力和对于高质量完成任务的信念，他们要有理想——能迸发出各种意图，他

---

① 在本书第一章关于城市设计类型中，未列入社区设计，主要考虑中国还很少这方面的实践。

们又必须很现实——能根据实际情况修正意图;

(三)他们必须专于城市设计,深入掌握城市设计和城市规划的理论和方法,善于总结和吸取他人和自己在城市设计上的经验和教训;

(四)他们应该了解尽可能多种的相关知识,特别是有关建筑学、园林绿化、道路交通、市政工程以及社会学、环境科学、心理学、法学等学科知识;

(五)他们应该了解人民大众,了解生活,包括现在的状况和对未来的期望和需求;

(六)他们应该掌握多种技能,包括用图形、模型、文字精练、准确地表达设计意图和方案,用有说服力的理由解释意图和方案,用有效的争辩向决策者维护正确的设计思想和原则;

(七)他们又必须有精明的财政意识,懂得土地和房地产开发的政策、特点和动力机制,特别是有关政府公共利益与开发企业和私人利益的协调机制;

(八)他们必须懂得,城市设计一般情况下不可能由一个人完成,必须与多种专业人员合作,要谦虚,要讲"团队精神"。

此外,城市设计师要善于在高层次活动,要与官员,政治家、经理、学者等"打交道",要争取被他们接受,又要善于联系群众,用通俗易懂的语言向公众讲解城市设计。

从国内外情况看,从事城市设计工作的主要人员,专业背景主要是城市规划师、建筑师、景观建筑师。这三种专业人员从事城市设计,都各有优势,也有不足。高素质的城市设计师还需要在原有专业基础上继续学习,并通过实践才能达到。

从事城市设计行政领导工作、管理工作的人员,以至与城市设计工作有关的开发企业、各政府部门、社区等人员,都应该具备城市设计的知识。只有这样,城市设计的实施与管理才能发挥出更有效的作用。

结语
做好中国的城市设计

做好中国的城市设计

完成这个研究项目，目的是从国内外城市设计的理念、方法、实践中找出一些有益的，值得借鉴的东西，为中国今后更好地开展城市设计所用。研究后感到，人类设计城市所积淀的知识、智慧、经验、实践实在太丰富了，有如浩瀚大海。总结它，绝非著者个人的知识、单一的力量所能为。这本书作为一份研究报告，只能是粗浅地理了一下学习城市设计的心得。但是在几年的研究过程中始终没有忘记联系中国今天的实际，想到如何改进我国的城市设计工作。在此，愿向读者谈谈自己的体会。

一、认识

城市设计的重要性和作用，已经不仅是理论上的认识，而是实际需要的问题。从二次大战后几十年的历史看，欧美和日本等国先后在 20 世纪 60 年代以后兴起新的"城市设计运动"不是偶然的。城市设计自古就有，其存在的历史比现代意义的城市规划久远得多。也可以说，二次大战前，城市设计与城市规划实际上常常是"混为一谈"的。1960 年代可以说是一次新的"分野"。一方面，西方国家经历了工业化时期，工业社会城市的弊病已充分暴露，对城市空间环境质量的要求日益提高，新的城市设计"应运而生"。另一方面，工业化时期形成的现代城市规划制度，着重立法、控制、管理。尤以美国为甚，死板的《区划管制条例》，测绘师划定的道路网格（日本是由土木工程师画的），单调乏味的城市面貌愈来愈不适应这种需要。城市规模日增，城市规划越来越向宏观研究方向发展，包括区域问题、环境问题、交通问题、住房问题，等等。城市设计正好填补了"空白"，对空间问题、场所问题、视景问题等发挥出创造性，它们更贴近人们的日常生活，设计的实践使人看得见，摸得着，所以具有生命力。一定程度上说，城市设计的兴起是由于城市规划的"无效"（或"失效"）。这在美国最为明显，日本也很类似。

中国的城市规划自 20 世纪 50 年代以来是学习沿用前苏联的体制。这是在计划经济体制下适用于新工业城市规划的模式（前苏联在 20 世纪 20~40 年代大量建设新工业城镇），这与我国 1950 年代的建设模式是一致的。这种规划模式是把城市规划和城市设计结合起来的，甚至统称"规划设计"。因此当 1970 年代末我国城市规划经过"文革"后开始恢复之际，曾风传一个说法：西方国家已取消"总体规划"，引起我国规划界一阵波动。实际上这是一种误解。不是"取消"，而是"分野"，即城市设计从城市规划中"分解"或"提炼"出来。由于这种分解在美国、日本基本上都是由建筑师带的头，故此我国规划界有些微词也是可以理解的。但是中国的城市规划没有分解。我国强调的是，把城市设计的思想和方法融入到规划的各个层次和阶段。1980 年代后，中国经历了历史性的改革巨变，城市规划体制虽有变革，但实质上仍然保持着几十年来的传统构架。1990 年代后期以来中国的社会经济发展速度加快，特别在大中城市表现突出。进入 21 世纪后，中国城市规划的发展趋势是大城市重视城市发展战略规划的研究，同时，城市设计在很多城市纷纷开展，有点"其势难挡"的味道，要求改革"总体规划"的呼声也日渐增高。这种趋势与人民日益关心生态环境质量的提高和"全面实现小康社会"的要求是一致的。

著者认为，今天的形势下，应该给予城市设计在我国城市规划体系中以适当的地位，把它视作为城市规划的一种拓展，一项有相对独立性的工作（参见图 6-1）。这样做有利于城市设计本身理论、方法和技术上的提高，与国际接轨，便于交流，也有利于满足提高城市空间环境质量的要求。城市设计的开展与城市规划的改革必须结合起来：总体规划应更具战略性；近期（5 年）建设以近期建设规划为指导；日常管理依靠控制性详细规划；让城市设计真正起到城市规划的重要支柱作用。

二、做法

根据城市设计的特点和国内外已有的经验，著者认为，在我国的情况下，城市设计最能发挥作用的是与详细规划并行的领域，即对城市某一地区、地段、地块进行形体空间的设计，也可以包括步行街道、滨水地带、绿地系统、大型园区、居住区等，以开发性为主，也包括保护性。城市设计不宜完全取代详细规划，因为它比详规灵活，容易放开思路，可以把它看作是详规的方案。特别是控制性详细规划，应有城市设计作为指引。

在城市整体层面，建议有条件的城市，特别是大中城市制订《城市设计导则》，经过地方立法或行政批准，成为总体规划的一个附件，或编制城市景观风貌规划的依据。总体性城市设计可以看作是导则的一个附件（或附图）；"区域性城市设计"的名称尚需研究，做法也还要探索，实质上属于"大地景观"的研究范围。

国家建设部门应加强对城市设计的领导和管理。首先应提请全国人大在新修订的《中华人民共和国城乡规划法》中明确城市设计的性质和地位。国家应制定城市设计的政策要点，提出正确的指导思想，规定管理机构和审查体制，但不宜订立全国性的导则、标准或指引；省、自治区可以制订本地区的指引，技术上实行间接领导的方式。

三、机构、体制

城市设计应该由各级城市规划行政管理部门进行管理。大城市的城市规划局宜设置专门的城市设计处。城市设计的审议（或审查）主要依靠专家，形式是组成由本城市高级专家参加的"城市设计委员会"来承担此职责。鉴于城市设计与建筑设计关系密切，该委员会也可同时承担主要建筑设计项目审议的任务。大城市现有的城市规划委员会如具备条件，也可兼担此任。

城市设计的方案制作，应该允许实行招标和委托两种方式。建议国家制订城市设计招标的条例或规定，使其规范化。

四、教育、培训

城市设计的主要技术人员来自城市规划、建筑、园林等专业，与国外情况类似。为了提高城市设计的质量，建议在这几个专业的核心课程中，加强城市设计课（包括理论和设计实践的份量）。在有条件的大学，是否可以在城市规划专业中试办"城市设计"专门化。

现有在职的规划人员，包括规划管理人员，有计划地培训或进修城市设计的知识。城市的领导，各有关部门的人员，开发企业的人员等都需要具备城市设计的知识。

五、宣传、评论

向全社会、向公众宣传和普及城市设计的知识，是一项战略性的任务。只有大多数人理解和认识城市设计，提高分析和和鉴别能力，我们的城市空间环境才能达到和保持高的质量。像任何创作一样，城市设计也需要评论，表扬好的，批评差的，在评论中不断进步和提高。

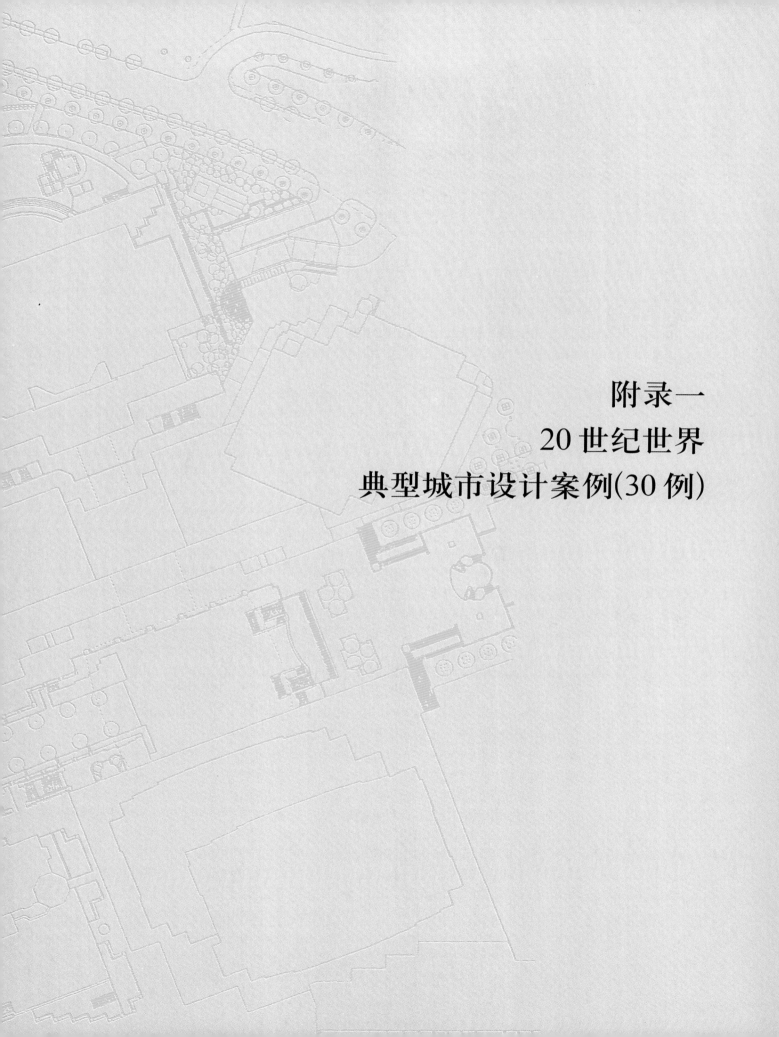

附录一
20 世纪世界
典型城市设计案例(30 例)

这里搜集的30个案例，仅是20世纪各国城市设计成果的一小部分，不可能代表全貌。案例的选择主要考虑它们的典型性，而且都是已经建成的，可以通过实践来检验。这些案例都有一定知名度，有的获得过奖励。但是应该声明，并不是按优秀程度来选择它们。

据知，世界上还没有举行过城市设计的"选美大赛"。可以说，这里的案例都有特色，都有优点，也不可避免地存在不足。评论仅代表著者个人的观点，目的是为了让读者概略了解20世纪现代城市设计的一些典型成果，供人们参考、借鉴。

1. 堪培拉总体设计
2. 巴西利亚总体设计
3. 昌迪加尔总体设计
4. 旧金山城市设计导引
5. 费城中心区城市设计
6. 巴尔的摩内港区更新改建
7. 米尔顿·凯恩斯新城设计
8. 北京天安门广场
9. 巴黎德方斯新中心商务区设计
10. 伦敦码头区开发总体设计
11. 悉尼达令港文化娱乐区设计
12. 香港中环高架步行道及中心公园设计
13. 纽约世界贸易中心综合体
14. 上海浦东陆家嘴中心商务区
15. 横滨MM'21海滨地区设计

16. 上海外滩沿江步行休闲带
17. 柏林波茨坦广场
18. 纽约洛克菲勒中心
19. 蒙特利尔地下商城设计
20. 香港沙田新市镇设计
21. 新泽西雷德朋邻里社区
22. 伦敦科文特花园住宅区设计
23. 北京菊儿胡同旧城更新改建设计
24. 佛罗里达海滨城
25. 巴黎拉维莱特公园
26. 东京惠比寿花园更新改建设计
27. 华盛顿越战纪念碑
28. 新奥尔良意大利广场
29. 拉斯韦加斯娱乐城总体设计
30. 香港米浦湿地保护区设计

1.堪培拉总体设计(Plan of Canberra)

澳大利亚首都。一个按照城市整体设计建设起来的城市。1911年澳联邦为新首都建设举行国际竞赛,美国建筑师B·格里芬(Burley Griffin)获一等奖。由他将前3名方案进行综合,重新设计一个方案。1913年奠基开始建设,至1977年该市人口20万,用地440km²。

城址选择在跨河两岸的丘陵和平地上。北面是平缓的山丘,东、西、南三面有植被良好的高耸山脊。地形像一个不规则的露天剧场。中心是由于在河上筑坝而形成的广阔湖面(以设计者名字命名为格里芬湖)。规划设计把议会建筑放在城市北面小山丘上(此位置俯视全城,保留了近80年,直到1988年澳大利亚庆祝建国200周年之际,才建设新的议会大厦)。

该城布局结合地形,分成几片,每片由多边几何形状的用地结合放射式路网与中心相联系,建筑布置与园林绿地结合,构成有机的整体。城市以低层、低密度方式发展,绿地标准达到70m²/人,成为世界上低污染城市的典范。中心区与周围新城镇之间留有大片空地,可以容纳今后可能发展到的50万人,甚至100万人。堪培拉的设计反映了20世纪初受到田园城市、花园式社区的影响。1957年,英国人W·G·霍尔福德对规划作了重要修改:以现代交通要求修改了路网设计,将重要建筑适当分散,以加强中心区与周围住宅片区的联系等。

主要的批评是:居住密度过低;公共交通难以组织(因运量少);缺乏充满人气的"城市味"。不少公务人员周末宁可乘飞机去悉尼度假。

参考资料:《中国大百科全书》建筑·园林·城市规划卷

从国会中心俯瞰格里芬湖

市区及湖面一隅

湖光美景

国会中心鸟瞰

2.巴西利亚总体设计 (Plan of Brasilia)

　　1956年巴西政府决定将首都从里约热内卢迁到中部高原的巴西利亚。这里气候凉爽，有3条河流，还修建了1个水库。首都的规划设计经过竞赛，由巴西人L·科斯塔(Lucio Costa)中标。新首都规模50万人，用地152km²。科氏借鉴勒·柯比西耶的城市设计思想，在巴西利亚的新城整体设计中，从功能出发，采用人体模拟的手法，把城市形态设计成飞机展翼的形式。东西向的中央主轴是交通干道，长约8km(与明清北京城中轴线长度相近)。行政办公区沿中轴两侧布置。"机首"部分是行政中心，布置议会、最高法院、总统府，形成著名的三权广场。"机翼"呈弧形，全长13km，主要安排居住区。三权广场及主要建筑由巴西著名建筑师O·尼迈耶(Oscar Niemeyer)设计，充分体现了现代主义的风格。3个主体建筑造型各异，均以简洁、有力的形式象征了国家的权力和团结。位于一个4层大平台(屋顶)上的步行空间摒弃了以建筑"限定"空间的传统，而是使建筑自身处在一个连续的空间之中来起作用。

　　这是一个典型的现代主义的城市设计，重功能但又陷入某种形式主义；尺度过大，亲切宜人不足。和几乎所有经过设计的新城市一样，现代化的城市形体躯壳，却缺乏城市社会所应有的人情味和生活气息。

　　参考资料：黄富厢等编译，E·N·培根等编著.城市设计.中国建筑工业出版社，1989

　　朱自煊，中外城市设计理论实践.国外城市规划，1991(2)、1991(4)

从中轴线远眺三权广场

113

广场上的议会和政府大楼

教堂

从中轴线近看三权广场

广场上的总统府

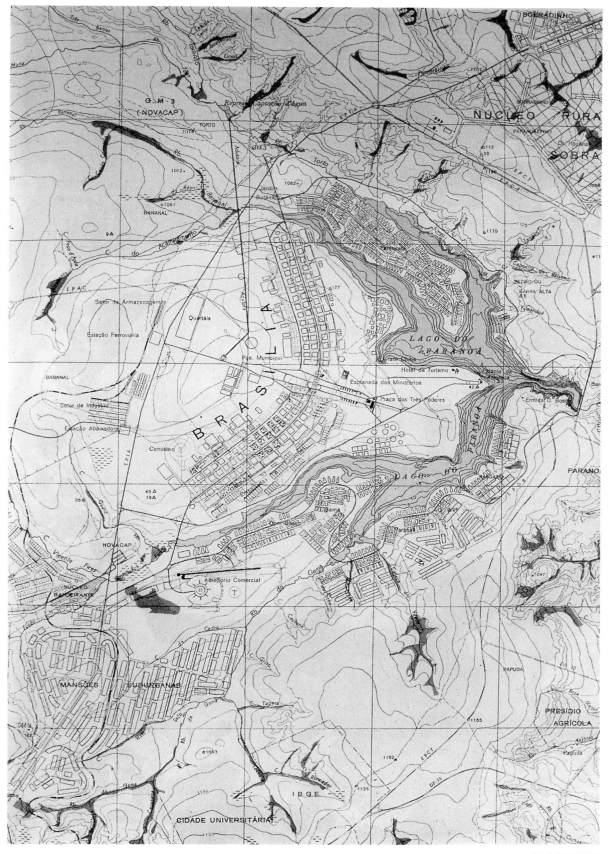

城市总平面图

3.昌迪加尔总体设计(Plan of Chandigarh)

昌迪加尔是印度旁遮普邦首府,位于印度北部喜马拉雅山南麓的高原上,气候干旱。它的东北部有一水库,两条河流自北向南,从城市两侧流过。现代建筑大师勒·柯比西耶于1950年接受邦政府委托,担任该新城的规划设计工作。

这是一个新城市的整体设计。规模近期15万人,远期50万人,用地40km²。柯布西耶以人体的有机性象征城市的空间结构:邦政府建筑群构成行政中心布置在城市最北端,俯瞰全城,象征人的大脑;博物馆、图书馆等作为"神经中枢"位于大脑附近;城市道路采用800m×1000m的方格网,在中间位置布置商业和文化设施,象征人的心脏;城市东部为工业区,西部为大学区,象征人的左右手;纵向带状绿地系统(内含步行路)和横向商业街道系统贯穿全城,构成象征人的循环系统,也是市民生活活动的系统,与车行干道分开。干道网包围的邻里可居住5000~15000人,但并不适合当时该城居民的生活水平和生活方式。

柯布西耶为该市行政中心及主要建筑做了设计。行政建筑与大片绿地和水面结合,体现了柯布西耶的设计理念。现代主义的建筑设计,表现混凝土材料的粗犷感,与喜马拉雅山雄伟的雪山背景结合,颇有气势,但缺乏印度建筑的传统和地域感。

这是柯布西耶城市整体设计的一次实践。认为是他作为建筑师个人意志的顽强表现,却不顾历史、文化的延续。也有批评认为,这是把一种陌生的体形强加在有生命的社会之上。

参考资料:朱自煊.中外城市设计理论与实践.国外城市设计,1991(2)、1991(4)

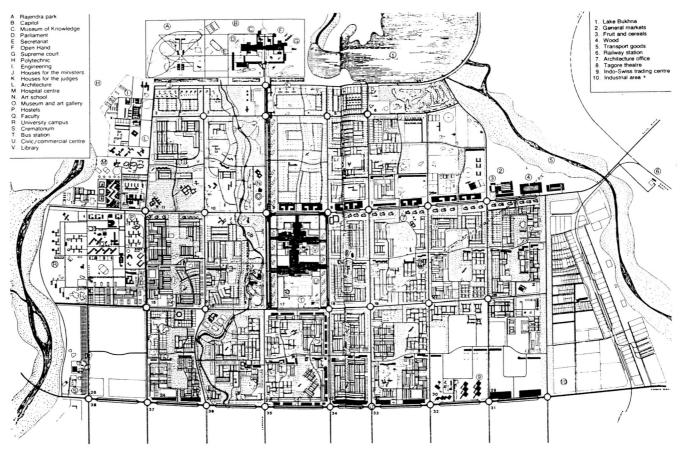

城市总平面设计

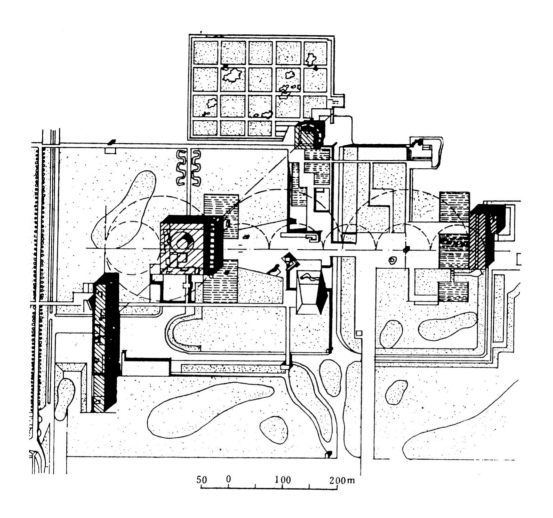

50 0 100 200m

中心区详细设计

4.旧金山城市设计导引
(Urban Design Guildlines，San Francisco)

旧金山是美国西部大城市，有得天独厚的自然条件：海滨、大洋、山丘，也有不少美丽的人工建筑物。原来的道路系统是方格网络。城市的发展建设，包括高层建筑的增加破坏了空间形象和格局的完整和优美。20世纪70年代，旧金山制订了《城市设计导引》，就城市的格局、城市保护、主要新建筑的开发、邻里环境等几个方面，提出有针对性的、具体的规划设计政策，指导城市的设计和建设。

在城市格局方面，提出的组成要素为：水、海湾，山丘和地脊，旷地和景点，街道和道路，建筑及其组群。视觉鲜明的绿化和街道照明是两个可控的因素。

在城市保护方面，列出38座建筑物作为城市的里程碑建筑，加上自然区、海湾、公园、旷地等都是不可置换的资源。一批具有较强认知感的街坊、街道和它们形成的景观是需要保护的对象。"导引"在这方面提出一系列具体的政策和做法，也包括新的建筑如何与原有的相协调。

在城市新建筑开发上，特别对于高层建筑的位置、高度、体量、色彩等如何与山形、道路、空间限定的关系，提出了具体的建议。

在邻里环境方面，主要在创造舒适、安全的生活环境上，认为交通是首要问题，对居住区的绿化、步行环境、视觉悦目、避免过境交通穿越，以及居民游憩等也提出了指引。

旧金山的《城市设计导引》全面、具体，可操性强，它可以为《分区管制条例》所采用，对改善空间环境质量起到实际的作用。在制订导则型的城市设计上，《旧金山城市设计导引》是一个先导性的案例。

参考资料：E·N·培根等编著，黄富厢等编译.城市设计.中国建筑工业出版社，1989

"Yerba Bunena 花园"艺术中心

渔人码头之一：过去

渔人码头之二：现在（娱乐、购物中心）

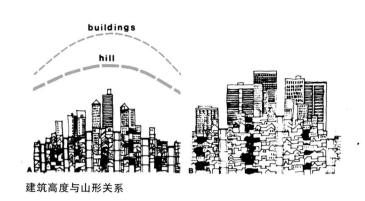

建筑高度与山形关系

原巧克力工厂改建成的购物中心

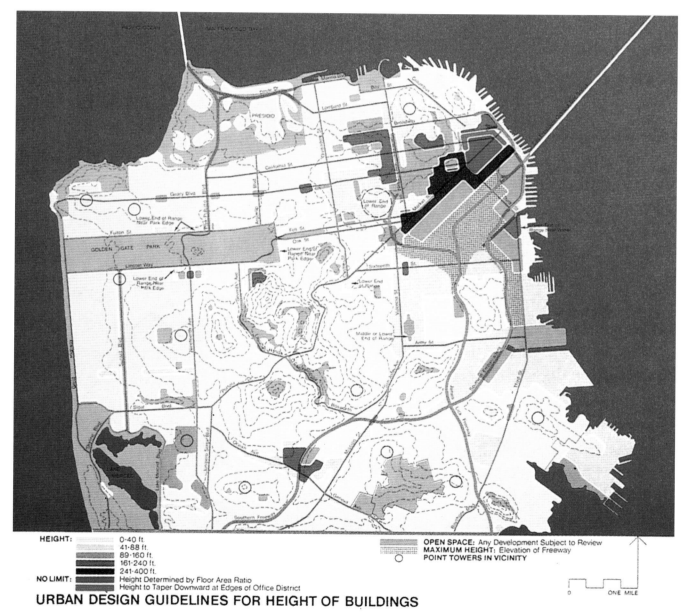

HEIGHT:
0-40 ft.
41-88 ft.
89-160 ft.
161-240 ft.
241-400 ft.

NO LIMIT:
Height Determined by Floor Area Ratio
Height to Taper Downward at Edges of Office District

OPEN SPACE: Any Development Subject to Review
MAXIMUM HEIGHT: Elevation of Freeway
POINT TOWERS IN VICINITY

0   ONE MILE

URBAN DESIGN GUIDELINES FOR HEIGHT OF BUILDINGS

建筑高度控制导则

5.费城中心区城市设计(Philadelphia Plan)

1963 年由 E·N·培根(Edmund N·Bacon)主持的费城规划是美国二次大战后一项有影响的规划案例。其中心区的城市设计体现了他对城市设计理念、方法、原则的理解。费城是美国的一座历史名城。其中心区的空间结构是不断演变而形成的。E·N·培根说：这个结构不是一下子就形成的，而是一个局部接着一个局部、经年累月、苦心造就的。它之所以能够体现统一性，是由于它的每一个局部都是根据同一个有机成长过程的原则而同其他局部相联系的。因此不要求规划"定局"。他认为规划的重要因素不存在于地面，不停留于纸面，而在于对发展模式的憧憬植根于青年人的心中，并期望它的实施。这种被称为"有机整体"的设计方法在 20 世纪 60 年代，堪称是一种新的概念。

设计重程序而不重"最终的状态"。一个完整的规划程序包括七个步骤：1.综合规划——提出一系列基于经验和探索，并相互平衡的目标。2.功能规划——从若干因素的内在联系出发，提出形体的组织。3.地区规划——在地理区划范围内，提出物质要素的三维关系，并与功能规划和要实现的目标结合。4.项目规划——提出实现地区规划的若干具体项目。5.建筑形象——表现实现后的情景，为社区和公众接受规划提供动力。6.项目资金。7.投资计划。这个程序的目的，是要把社区领导吸纳到规划中来，以便调动一切力量，形成统一的实施行动。

该设计确定了地区的主要结构（干枝），"干枝决定树的形态"。还仔细研究了令人喜爱的里程碑建筑，使其组织在新设计的社区之中，产生出识别性和自豪感。E·N·培根认为，如果建筑师主要探究形式，他的成果在未来岁月中被修改或全盘否定的机会比较大，如果他探究运动系统，并与更大的系统联系起来，他的成果流传下去，随着岁月而得到加强和扩展的机会就比较大。

参考资料：E·N·培根等编著，黄富厢等译.城市设计.中国建筑工业出版社，1989

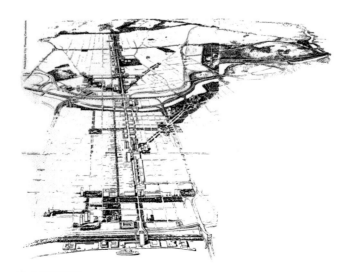

中心区总平面

中心广场

6.巴尔的摩内港区更新改建
(Inner Harbor Renewal, Baltimore)

　　巴尔的摩位于美国东海岸,是马里兰州(Maryland)最大的城市,中心区人口80多万。20世纪50年代,经历了经济衰退,失业增加,环境质量下降。1965年成立了"查尔斯中心及内港(Charles Center-Inner Harlour)开发管理局"。这是一个非盈利的民间机构,把规划、设计、开发、管理结合一体,开始对内港区进行更新改建,把原来已经衰败的码头、仓库地区改建成商业、办公、娱乐等功能相结合的、24小时都充满活力的新兴地区,并与中心区连成一体,使巴尔的摩市得到振兴。

　　内港区用地38hm²。在市政府的支持和帮助下,1973年在此建设了"城市经济贸易交易会"会场;20世纪80年代初建成影响力很大的"内港广场",面貌为之一新。随着渐进式的发展,近30年来的更新改建达到了预期的目标。内港区成为巴市重要的经济活动和休闲娱乐地区,提供约8万个就业岗位。

　　规划设计的特点是:从实际条件出发,尽最大可能为人们提供看水、近水、亲水、玩水的条件。主要开发项目如海洋中心、国家水族馆、内港广场、世界贸易中心、科学中心等均围绕"U"形港湾而建。沿水边还设置了体育设施和游艇俱乐部、码头、滨水散步道等,一切以"水"为中心"做文章"。建筑物高度,除世贸中心外,均以低层为主,空间亲切宜人。内港区的步行道与中心区的步行道系统联结,成为一个整体。

　　该项目在城市更新上的成功,与设计上具有特色有重要的关系。因而受到国际学术界的重视和美国政府的奖励。

　　参考资料:金广君编著.国外城市设计精选.黑龙江科技出版社

内港广场

滨港花园

国家水族馆

7.米尔顿·凯恩斯新城设计
(Milton Keynes New Town)

二次大战后英国第三代新城。该城系1966～1968年英国计划新建的7个新城之一。城址位于伦敦以北80km,为伦敦至伯明翰的M1号高速公路中途通过,同时还有铁路通过。该地区原有3个小城镇和13个村庄。规划目标是发展成为25万人口的新城市。1971年完成规划设计,开始建设。发展用地310km²,预期1985年达到14.9万人口。

该城设计的理念不同于以往的英国新城以疏散伦敦的人口为主,而是把新城的创建与区域发展政策联系起来,创造更多的就业机会,因而被认为不同于"田园城市"理论。它的设计理念是把英国传统的低层、低密度的"居住方式"与未来新的汽车化的"生活形态"结合起来。低层住宅围成四方大院分布在中心商业区附近,居住环境兼有城市和乡村的气氛。安静的街道、尽端路、砖砌立面,住房周围密植树木,很适合英国中产阶级的口味。设计采取格网式的道路系统,全城共有纵横道路各10条,较密的路网便于汽车交通,而且对城市的进一步发展保留着机动性。

近30年的发展米尔顿·凯恩斯凭借其区位的优势,充分发挥了各项功能。已有1200家新来的公司沿着铁路和平行与M1号高速公路的A5公路分布,而且还吸引来一批信息技术的企业。新城最大的就业机会来自大学,那里有2000人在工作。这个新城的设计是一个提供"宜居"新概念的案例。

参考资料:日本都市计划学会编.Centenary of Modern City Planning and Its Perspective

娱乐中心

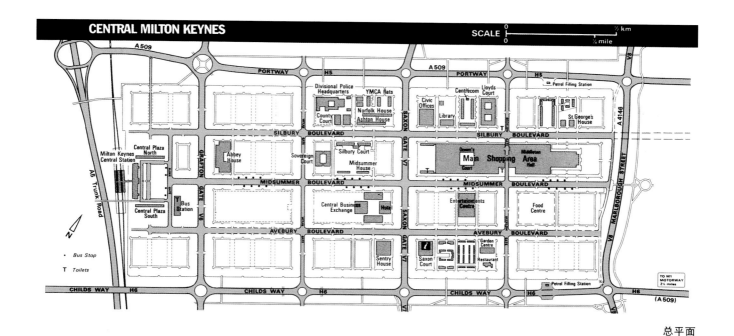

总平面

1:2500

居住区

8.北京天安门广场

天安门广场位于北京内城中心，是首都北京的政治、文化中心，国家进行重大群众性活动的场所，其物质形体空间有重要的象征意义。

天安门城楼系明清皇城的正门，始建于明永乐十八年（1420年），称"承天门"，后毁于火灾，成化元年（1465年）重建，明末又焚毁于兵灾。清顺治八年（1651年）重建，称天安门。城楼前为一"T"字形封闭式广场，南端为大明门，辛亥革命后改称"中华门"。东、西各有一门，周围有红墙和"千步廊"。普通人不得进入和穿越广场。1912年拆除东西两门，各留一门洞，与中华门合称"三座门"，1949年10月在此进行中华人民共和国的开国大典，毛泽东主席亲自升起第一面国旗。此后，天安门城楼及广场即成为国家进行重大庆典的场所，并开始扩建改造。1952年拆除三座门，1955年拆除红墙，广场彻底开放并扩大了面积。1958年建成人民英雄纪念碑，并决定进行更大规模的扩建，于1959年完成，以庆祝建国10周年。这次扩建基本奠定了广场和主要建筑物的性质、规模和空间尺度。1977年在广场南侧又建设了毛主席纪念堂。至此，广场的空间基本定型，1999年还改造了广场地面，在中心设置了直径70m的隐蔽式彩色音乐喷泉。天安门广场空间开阔，东西宽500m，南北长860m（至前门城楼），建筑物之间的空间面积43hm²，是世界上最大的城市广场。人民大会堂位于广场西侧，东侧为中国革命博物馆和中国历史博物馆。这两幢建筑在尺度上为调整由于广场偏大而产生的视觉差，作了必要的处理。在广场设计时决定周围建筑物高度（包括纪念碑、旗杆等）均不高于天安门城楼。色彩上以暖色调为主，檐板用青绿色琉璃与城楼的额坊彩画取得协调。广场上的新旧建筑之间显现了时代的差异，又和谐相处，构成一幅庄严和美的图像。

天安门广场自扩建以来在专业学术领域即有不同看法，分歧主要在尺度上。批评者认为硬地面积过大，缺少供休息和服务的设施，绿化也不足。实际上，已采取了若干改善的措施。

在扩建当时，以满足40万人集会为主要功能，国庆10周年时即容纳了70万人，"文化大革命"时曾挤满百万人左右。尽管存在尺度偏大的不足，但它的空间形象已成为世人心目中一个不可磨灭的标志。

参考资料：北京百科全书.北京出版社；董光器.北京规划战略思考

天安门广场全景

天安门广场的美化

天安门广场夜景

天安门广场人群

1955年前的天安门

1958年的天安门

节日的天安门广场

9.巴黎德方斯新中心商务区设计

(La Defense，Paris)

德方斯区是法国巴黎最大、最重要的商务、商业中心，在欧洲和全球占有重要地位。该区是一个典型的，现代主义风格设计的产物：现代化的超高层建筑，综合多样的功能，立体式的多层平台和道路交通系统，现代化的大型商业服务设施和高科技的通信设施，加上周围各种公园绿地，具有强烈表现力的标志性建筑——新凯旋门，构成一个充满活力和吸引力的大城市新中心地区。

该区于1958年开始策划，1964年批准建设（规划总用地7.6km²），至今已近40年。它的发展建设是渐进式的。从20世纪60年代到90年代经历了三个时期：1958～1978年建设了75万m²，常住人口2.5万人，1970年RER（快速轨道交通网）进入该区，带来新的活力。1974～1978年由于石油危机，发展陷于停滞。1978～1988年在政府大力支持下重新获得发展，1981年建立新的现代化大型购物中心，包括200多个商业零售点、

3个超级市场，以及饭店、影剧院等，办公用地进一步扩展到2km²。1989年后，随着新凯旋门于1987年落成，新的国家工业和技术中心以及计划中欧洲最高摩天大楼（高达400m）的建设，该区又进入一个更高的发展阶段，跨国公司总部不断增多，就业人口10万多人，其中75%乘用公共交通上下班。管理部门正在筹划建立TGV（高速列车），可由该区直达南、北欧洲。

该区的设计也是随着发展建设渐进而行。例如，新凯旋门的策划始于1969年，1982年才经过3次招标选定方案，1986年落成。

德方斯区位于巴黎中轴线西端，优越的区位结合杰出的设计使其获得成功。不足之处，是大平台（600m×70m）和高楼尺度过大，显得空旷。

参考资料：Defense Information.1991，EPAD

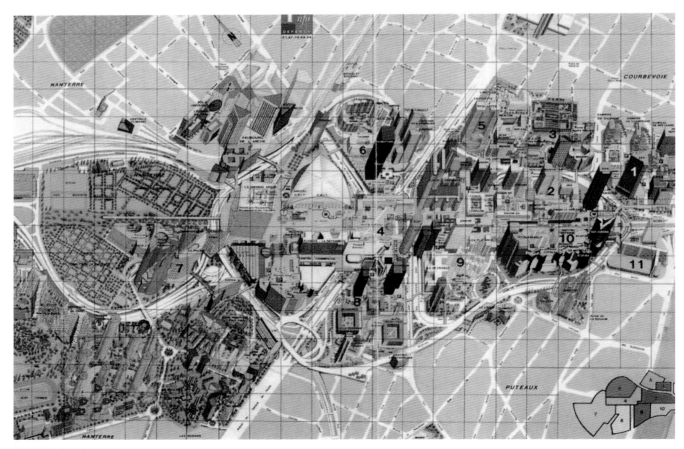

德方斯商务区规划总图

新凯旋门

广场一侧

广场和凯旋路

10.伦敦码头区开发总体设计
(Docklands Development, London)

伦敦码头区占地 22km², 位于伦敦东部泰晤士河两岸。原有的码头已经关闭废弃，作为一项再开发计划，英国保守党政府于 1971 年提出将该地区开发为商务办公、商业和高、中档住宅区，雄心勃勃地把它作为一项 21 世纪国际瞩目的城市水岸开发项目。

1979 年成立了伦敦码头区开发公司，协调了各方关系和利益，开发建设得以进展。通过立法，设定了规划目标，它们是：1.充足有效的用地和建筑的供给；2.支持新老工业、商务、商业的发展；3.创造有吸引力的环境；4.努力使住房和设施建设吸引人们到码头区来工作和居住。在一项有特色的政策指引下，把"狗岛"作为欢迎企业入驻的区域，采取优惠条件；重视基础设施建设，修建了从市中心通向码头区的现代化交通运输系统，包括自动控制的高架快速轻轨，建在中心

岛上的伦敦第三个机场——城市机场。在康纳利码头建设了商务中心。至 1986 年已建成 27.5 万 m² 的商业和工业用房屋，8000 套新住宅，300 家公司入驻，带来 8000 个就业岗位。区内还有现代化的通信设施，这些都加强了对私营企业的吸引力。英国曾标榜：码头区项目的实施是英国振兴的象征。

伦敦码头区的总体设计是一个大型的城市再开发项目，历时 30 年尚未完全建成，因此具有渐进发展的特点。但是，每个时期的建设又都是完成总体计划的一个有机环节，显得协调而有序。

参考资料：日本都市计划学会. Centenary of Modern City Planning and its Perspective

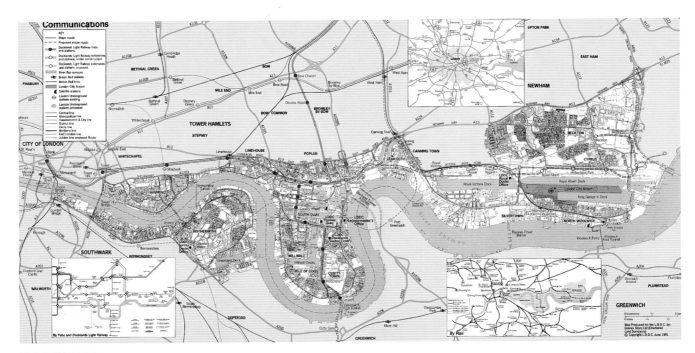

码头区总平面图

码头区沿河立面

康纳利码头

码头之二

码头之一

码头区高架轻轨车站

11.悉尼达令港文化娱乐区设计
(Darling Harbour，Sydney)

达令港原是悉尼的商业码头,国内外贸易繁忙,是铁路货运枢纽。自集装箱货运发展后,该码头由于缺乏陆域而被荒弃。1984年新南威尔士(New South Wales)州政府决定利用该码头地区更新改建为一个以公共休闲娱乐为主的步行区域,既吸引本市居民,也吸引旅游者,以振兴州的经济。通过立法,于1984年成立达令港管理局,通过成功地协调政府和私人企业的合作,仅用3年,在1988年澳大利亚庆祝建国200周年之际,建成这个临水地区并对公众开放。这个项目是澳大利亚当时最大的城市改建工程。该地区陆域面积50hm²,水域12hm²,大部分土地系围填而成,岸线长1km。

该地区为悉尼港的一个主要海湾,位于港湾大桥西端,近邻中央商务区(CBD),位置十分优越。一条以观光为主的高架单轨列车联接该区与CBD地区,绕行一圈可欣赏两区全貌,颇具趣味性。总体设计以"水"为主题,进口附近有"水幕"。在全区的核心地段,对着陆上会议中心的水面设一高"水喷",附近水中还有一个高旗杆,很有表现力。区内还有一段城市溪流。主要建筑除去会议中心外,有展览中心、国家海事博物馆、艺术创作馆、棕榈园咖啡馆等,沿港湾有游艇俱乐部、运动中心、人行路、人行桥和大量景观,包括一座中国花园。此外,还有私人投资的旅馆、餐厅、节日市场、水族馆以及公寓等。

这是一个文化娱乐的综合性场所。重要建筑的设计通过招标选取优秀方案。总的环境氛围和风格具有特色和个性。据统计,每年进行各种节目和活动1000余项,70%的观光者来自悉尼,平均每个居民一年来此8次,其效益和作用十分显著。

参考资料:"Darling Harblour 1994".Darling harbour Authority

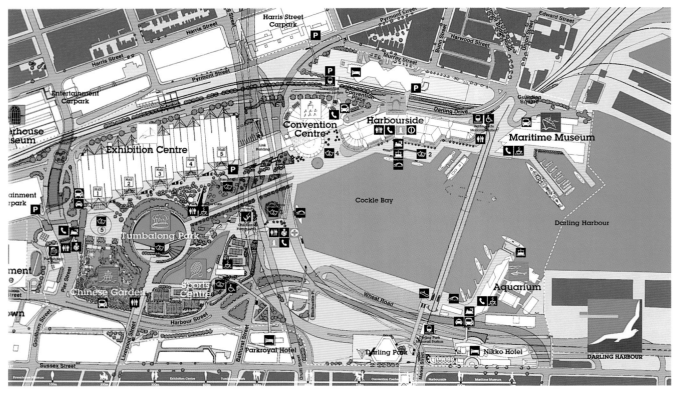

达令港总平面图

从码头看悉尼中央商务区

从悉尼市中心看达令港

达令港展览中心夜景

12.香港中环高架步道及中心公园设计

香港中环系中央商务区（CBD），高层建筑密集，地面交通繁忙，缺少空间和绿地，背靠山坡，面临海湾，没有发展余地。自20世纪70年代起，香港政府城市规划部门着手建设中环地区的高架步道系统。该系统环绕中环，将主要建筑物、地铁车站、天星码头（去九龙）在地面层以上联接起来，使行人与车辆完全分离，大大缓解了交通干扰，提高了效率，保证了安全。这个步道系统全部穿越多幢大楼的商业层，既方便行人购物，也为商业、餐饮等带来商机，是一项一举多得的措施。城市设计工作主要是协调各方利益，使工程得以实施并取得成功。与香港高架步道系统相类似的是美国明尼阿波利斯中心（Minneapolis）商业区的空中步道系统，建于20世纪60年代。

与高架步道系统相联系的是1993年建成的"中环—半山"自动步梯系统。该系统由20部自动步梯和3部自动步道组成，全长800m，解决垂直高差135m的步行交通问题。系统通过银行大楼、中央市场，横跨几条主要道路，使大量往返中环与半山附近地区的"上班族"得到方便。1999年的日运量达3.6万人次。系统运行速度0.65m/s，与步行上山相比，节约时间一倍多。

中环的中心公园是在原英国兵营的基础上建设而成，它是CBD"混凝土森林"中的一片绿洲。公园设计保留和更新了原有的一些建筑，重新加以利用，同时也保存了原殖民地的遗址、遗存，有历史的意义。场地的大树、古树也保留下来。设计还充实了很多新的内容，如雨林、瀑布、绿屋、视觉艺术中心、太极园等。公园入口与地铁车站有自动步梯联结。公园面积不大，内容显得多一些，但是在香港CBD地区的中心有一块能重现自然的场所，是十分可贵的。该设计获得香港城市规划学会的奖励。

高架步道系统，包括半山自动步梯，中心公园构成香港中环城市设计的重要内容。只有林立的摩天大楼，没有高效的交通系统和开敞绿地，不可能保持CBD的活力。

参考资料："The Central—Mid—level's Escalators". Transport Bureau. Hongkong；

"Hong Kong Park". Wong Tung & Partners Limited

小公园总平面图

半山自动步梯

步梯入口

高架人行走廊

自动步梯途中

133

13.纽约世界贸易中心综合体
(World Trade Center, New York)

位于纽约曼哈顿岛西端,由2幢110层并立的塔式摩天大楼(411m高)、4幢7层办公楼和1幢22层的旅馆组成,占地4hm²。业主为纽约港务局,由美籍日裔建筑师M·雅马萨奇设计,1962~1976年建成。

这是世界上建筑容量最大的巨型建筑,2幢塔楼地上总建筑面积120万m²,地下建筑6层,地下一层为纽约最大的综合商场,贯通整个建筑群和广场;地下二层为地铁车站及交通枢纽;以下4层均为车库,可停车2000辆。地面层还有一个占地2hm²的开敞式广场。从广场可直接进入塔楼二层。这两幢办公塔楼可容纳5万人办公,另有工作人员约3万人。8万人集中在这个巨型建筑内,相当于一座小城市。中心西侧沿哈得孙河围填地带(37hm²)已开发了"巴特莱花园城",以办公、商业、居住等功能为主,与中心相辅相成。

塔楼平面为正方形,边长63m,核心部位为电梯井。每座塔楼设电梯108部,其中快速分段电梯23部,运行速度8.1m/s。电梯担负着所有人员的垂直交通。在第44层和78层设有公共服务设施。第107层是眺望层,供观光用。一座塔楼顶层设电视塔;另一座顶层供人观赏。该楼在各种设备上均采用现代化的先进技术,可以认为是现代城市设计和建筑设计的一个极致的案例。

在高度密集的超高层建筑地区,用现代技术可以建造出高效能的巨型建筑——"城中城",达到土地利用的极致程度。但是致命的弱点是遭遇突发性袭击时的"脆弱性"。1993年,该中心发生一次火灾,虽未造成重大伤亡,但也形成一片慌乱,使大楼"瘫痪"一个月之久。2001年9月11日,遭到恐怖袭击,整个中心被摧毁,伤亡数千人,成为一次历史性的重大事件。

参考资料:《中国大百科全书》建筑·园林·城市规划卷

远眺世界贸易中心

近望世界贸易中心及巴特雷公园

从布鲁克林方向远眺中心及码头

14.上海浦东陆家嘴中心商务区

浦东陆家嘴中心商务区是1990年中共中央作出开发上海浦东的重要决策后，于1993年开始建设的。短短10年已初具规模。该中心商务区与上海外滩传统的中心商务、商业、文化区互相结合，隔岸相望，成为上海作为21世纪国际性金融、贸易、商务、航运中心城市的核心区，对上海市国际地位的提升发挥了重要的作用。

这是一项新中心区的城市设计。根据社会经济分析，中心区用地3.3km²，其核心区开发总量418万m²，用地1.7km²。1991年开始进行国际咨询活动，国内外5家设计咨询公司提供5个方案。经过审议研讨，综合成1993实施方案，并开始建设。

设计的特点是：空间形态上，区的中心是16hm²的中央绿地，周围以3幢超高层建筑（高360～400m）

作为里程碑建筑，与江畔的"东方明珠"电视塔相对应；高度分布呈弧形向外递减，考虑了沿江建筑高度与江面宽度的比例关系；制订了合理的高容积率；恰当安排城市的意象要素，包括路与边（界面）、区与节点、标志、视感、空间、活动与场所感。设计基本上得到实施，效果显著，环境的高质量具有吸引力，带来较好的投资效益。

该区的道路交通设施，包括区内的主、次干道系统及联结浦西市区的地下铁道、过江隧道等均已开通，加强了可达性，基础设施规划则采用现代化的共同沟，达到了先进的水平。

参考资料：黄富厢.上海21世纪CBD与陆家嘴中心区规划的深化完善.上海规划建设，1997(2)

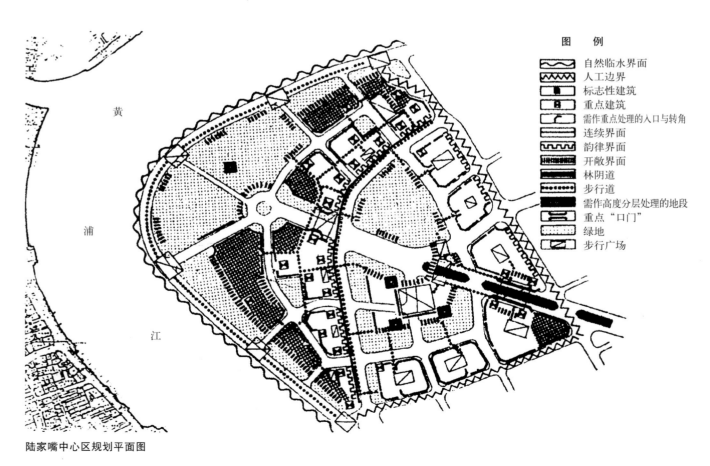

图　例

自然临水界面
人工边界
标志性建筑
重点建筑
需作重点处理的入口与转角
连续界面
韵律界面
开敞界面
林阴道
步行道
需作高度分层处理的地段
重点"口门"
绿地
步行广场

黄浦江

陆家嘴中心区规划平面图

陆家嘴中心区规划模型

建设中的陆家嘴中心区

15.横滨MM'21海滨地区设计
(Minato Mirai 21 plan for Yokohama)

日本现代城市设计源起于20世纪60年代的横滨市，被称为"未来港湾21世纪"的城市设计就是一个典型的实例。该设计筹划于1960年代，1983年开始实施，经过近20年的开发建设，已见成效。地区总面积1.86km²，被确定为横滨未来新的城市中心，今后将与横滨车站和美内、伊势佐木町地区连成一片。

中心选择在原造船厂和铁路货运站所在地，沿着原码头岸线向港湾展开，把地标塔及太平洋横滨大楼分别布置在地区入口和港湾河口附近，起着标志性的作用。主要观光路线沿岸线进行。经过一系列广场和公园绿带，附近还有美术馆、国际展览中心等。利用岸边一艘老式桅杆船建成的"日本船公园"，增加了不少生气和趣味。地标塔附近的一座石造船坞，是日本现存最早的干式船坞，设计中既重视其历史保护，又合理地加以利用，修复后成为一个观看演出和休闲的场所。整个中心地区的规划设计、建筑设计、公园、桥梁、街道小品等的方案，均由专门的城市设计委员会和公共设施委员会负责审批，因此建设效果较好，协调而统一。

该中心选择在港湾，十分符合横滨这个港口城市的性质和特色。设计的目标是开发利益与环境质量并重。中心的职能多样化，商务、休闲、娱乐、观光旅游俱有，而且富有特色和趣味，有很强的吸引力。新中心与原有城市的联系方便，可达性好，有利于效能的发挥。

参考资料：王建国编著.城市设计.东南大学出版社

地标塔

全景模型

16.上海外滩沿江步行休闲带

上海外滩在历史上是码头、港口地段，随着码头向长江口地区外移，该地段被改建为沿江步行休闲地带：南起新开河，北至苏州河南岸，全长1820.5m，面积约7.4hm²，于1993年底竣工。由于防洪要求，该地带在设计上把防汛墙与厢体式观光平台巧妙结合，平台挑出原岸线，从而拓宽了顶面的宽度，形成步行观光道路，局部扩展成广场，成为市民休闲游览和进行各种广场活动的场所。从这里可以眺望黄浦江及对岸浦东新区的"东方明珠"电视塔和陆家嘴新的商务中心高楼群，视野开阔，给人以强烈感受。沿着步行走廊有尺度宜人的外滩广场、陈毅广场、音乐喷泉、时代瀑布钟，至北端的上海人民英雄纪念碑和黄埔公园（旧"外滩公园"），内容丰富多样。广场经常举行免费开放的音乐、演出等，已成为上海一项市民性的"广场文化"。厢体式平台的下部有雕塑墙，利用内部空间设置各种服务设施和存车。南端有轮渡和进行浦江游览的船码头。一座原有的气象塔，具有历史性的标志意义，为扩宽中山东路，被整体位移后予以保留，改作外滩历史博物馆，顶层平台是眺望外滩近代保护建筑群的最佳位置。夜晚通过建筑物的泛光照明，一派典雅辉煌的场景。在1998年上海进行的一次民意抽样调查中，91%的被调查者推崇外滩为"上海最漂亮的地方"，1999年外滩又被评为上海"十佳夜景"之一。该地段设有专门的综合管理处，制订了综合性的管理，保持了高素质的环境质量。

不足之处是由于防洪标准高，防汛墙高出地面较多，在地面层不能看到江面。

参考资料：外滩风景区管理，上海城市规划管理局提供

休闲步行带与气象塔

南京东路的近代保护建筑

休闲的人群

晨练的人们

外滩夜景

17.柏林波茨坦广场(Potsdamer Platz，Berlin)

波茨坦广场是柏林战前的核心地段，其东面是历史中心和政府机构，西面是商业和居住区。在19世纪末，波茨坦火车站是城市最繁忙的地区。旅馆、餐馆和大型商业中心，成为吸引人们的核心。它与普鲁士（包括纳粹）喜好严格秩序感不同，具有比较随意自由的格局。

原有的波茨坦广场几乎全部毁于战火，而且由于位置恰好处于东西柏林的边界地段，因而长期被废弃不用。20世纪90年代，东西德统一，"柏林墙"被推倒后，市政府组织一次国际设计竞赛，征集方案重建该广场地区。最后由H&S事务所夺标。新的设计方案保持了广场地区原来的构图理念，包括原有道路结构的基本形式，又以崭新的，现代的技术和手法进行新的城市设计和重要建筑的设计。从总平面设计可以看到，新设计的海特旅馆、大剧院、音乐娱乐中心、奔驰公司大楼等均是在服从统一的尺度限制条件下做出的优秀设计。它们使用传统的墙面材料、协调明快的色彩、强烈而清晰的造型，重新建立了城市的秩序，并营造了生动的商业气氛，成为吸引人的一个场所。

真正的广场——马琳·迪特里希(Marlene Dietrich)广场仍保持原来较小的空间尺度，充满文化气息。一条带有采光顶棚的步行商业街（不足200m长），尺度宜人，色彩缤纷，为广场地区增色不少。

这是20世纪末期的一次城市设计，既尊重传统与人文特色，又充分体现现代气息。该地区建设仅10年，效果还有待检验，不足之处是开敞空间较少。为弥补这个缺点，已决定在地区以北开发一片德比斯(Debis)地段，土地60hm²。已设计的"索尼中心"(15.8hm²)，是一种"新的城市空间类型"，综合了商务、居住、文化、商业、娱乐等多种功能，有较大的空间，丰富的内容。德国新的行政中心，包括重建国会大厦，也在北部地区进行。

参考资料：C·鲍威尔著，王珏译.城市的演变

广场地区模型

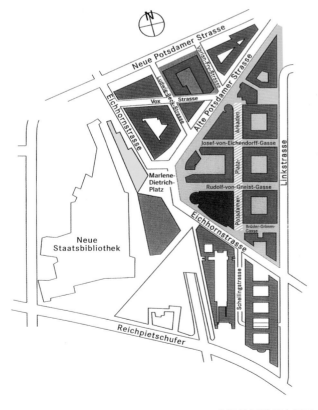

广场地区详细布置图

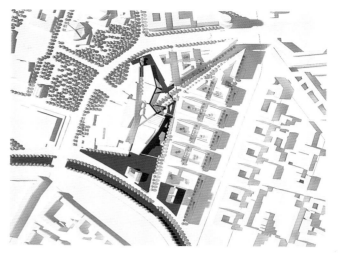

广场地区总平面图

银行大楼

具有天棚的公共空间

18.纽约洛克菲勒中心
(Rockefeller Center，New York）

　　美国洛克菲勒财团在纽约曼哈顿岛中部投资建设的、大型商务办公、商业、娱乐的巨型建筑组群，占地8.9hm²，共包括19座大楼和一个下沉式的小型广场。该中心始建于1931年，1940年建成。

　　中心广场的正面有一座金光闪闪的动人的雕塑，周围有休闲服务设施，南面连接带状街心花园。广场在冬季可作溜冰场。由于广场下沉于地面层，避开周围街道的嘈杂，在高楼林立的曼哈顿地区，成为一个相对安静，并有一定吸引力的场所，为众多在此上班和居住的人们所欢迎。

　　中心的各个建筑物之间有地下通道联接。主体建筑物RCA大厦70层，高259m，此外还有41层的国际大厦和36层的时代与生活大厦等。在如此紧凑的土地上集合如此庞大的建筑组群和多样化的功能，洛克菲勒中心起了开创性的作用。在超高层的中心商务区，提供一小片开敞空间，并采取下沉广场的形式也是带有创造性的。

　　该中心的缺点，主要是来自于高密度的超高层地区，高楼遮天，尺度庞大，造成使人压抑、紧张的感觉。因此，这个中心只是一种典型，绝非典范。

　　参考资料：《中国大百科全书》建筑·园林·城市规划卷

花市

下沉式广场与普罗米修斯雕像

下沉式广场

19. 蒙特利尔地下商城设计
(The Underground City，Montreal)

　　加拿大的蒙特利尔是加拿大东部大城市，魁北克省的省会，航运、贸易发达，与美国东北部有历史性的联系。该市地处高纬度地区，气候条件特殊，冬寒夏热，全年温度从 −30℃至+30℃。从 20 世纪 60 年代开始，蒙市即着手开发建设地下空间，把地下交通网络和地下商城结合成一个网络系统，使人们在任何气候条件下获得宜居的环境，成为未来城市的一种范例。

　　该地下城于 20 世纪 60 年代开发时，正值该市建设新的商业中心，位于玛丽广场，外形独特的塔楼成为城市的标志，构成蒙特利尔市具有统率性的城市中心。这样一个蒙特利尔城市历史上闪光的时期，吸引了城市地下铁道系统的建设。开发是同步并有序的，经过逐年的发展，现在已有30km长的走廊和通道（包括轨道交通）提供给蒙市居民和来访者从地下通向城市中心的所有服务设施。人们可以从这里去商业中心工作或学习，看电影或看演出，逛商店或吃饭。通过地铁或室内步行道可通往办公楼、大学、奥运公园或艺术中心。冬天，地下城温暖、舒适，夏天可以享受空调，里面设计有特色的中庭，周围布满餐厅、商店，上面世界的天然光线可从天棚照射进来。

　　地下城每年都有新的建设，至1966年已有65个车站，每个车站的设计都不相同，由不同的建筑师所为，可以说构成一个世界最大的"艺术画廊"。地下城还将继续扩展，在大运量交通和人行系统的规模和质量上，显现出独有的特性。

　　大城市地下空间的开发和规划设计将成为21世纪城市设计的一项重要课题。自1983年起，世界部分国家已开始集会商讨城市地下空间开发、设计方面的共同性问题，1992年成立了国际性的城市地下空间综合研究中心（ACUUS），定期召开大会。中国近年也参加这方面的国际交流，蒙特利尔地下城的开发设计为我们提供了成功的经验。

参考资料：7th International Conference on Underground Space，ACUUS

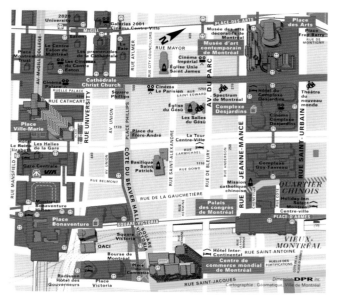

总平面图

主入口

商业街

20.香港沙田新市镇设计

　　新城设计是20世纪一项瞩目的成就。欧美各国（英、美、法等）均在二次大战后建设一批新城，缓解了大城市的人口膨胀和居住问题，但也存在着由于规模小，"自足性"弱，社会和经济效益不佳等缺点。香港自20世纪70年代起，为解决人口增长、市区用地短缺的矛盾，开始在新界地区有计划地发展新市镇，沙田是其中较早的一个。

　　沙田的城市设计始于1973年，该城位置北距九龙仅3km，但原来有山岭阻隔，20世纪80年代开通隧道后，与市区联系方便。新城设计的原则是"自我平衡"与"自给自足"，即设置一定数量工作岗位，使居民就地就业，就地居住，在生活上，设施自足，不依赖"母城"，因而计划的人口规模较大，以50万人作为发展目标（比英国第一代新城大10倍），但经过近30年的发展，人口规模已达63.4万（1999年），城市土地总面积36km²，两个设计原则只实现了一部分。

　　新城的设计结合自然，沿着城门河两岸的河谷地发展，采取高层高密度的规划政策以节省土地，但注意合理的住宅间距和大力建设坡地的绿带，以保证优于市区的环境质量。商业服务、文化娱乐设施采取综合集约的方式布置在居住邻里的中心，使生活方便舒适。与市区有多种交通方式的联系，可以便捷到达。枢纽车站与购物中心结合设置。公园、滨河绿地形成步行环境，使居民的生活素质得以提高。

　　参考资料：ShaTin NewTown.香港规划署

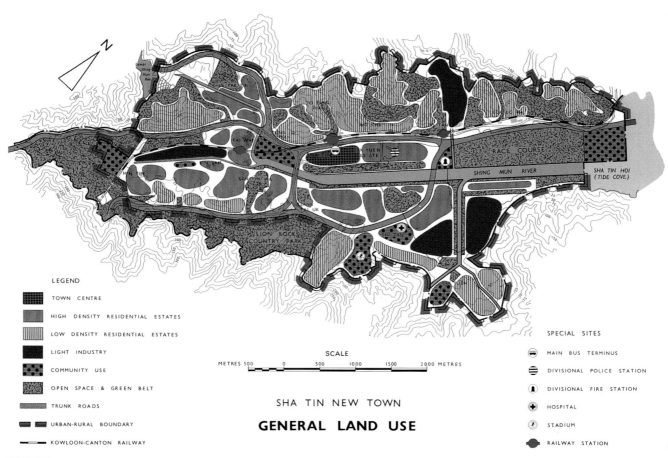

总平面图

滨河居住区 1

滨河居住区 2

滨河居住区 3

21.新泽西雷德朋邻里社区
（Radburn Neigblourhood,New Jersey）

雷德朋邻里社区于1928年设计，以居住为主。设计者是美国建筑师H·莱特和C·斯坦。该社区占地4.2km²，位于新泽西，距纽约在通勤范围之内。其设计理念既受到霍华德"田园城市"理论的影响，又吸收了C·佩里几乎同时期提出的"邻里单位"概念。1929年完成的"纽约周围地区规划"中，C·佩里正式定义了"邻里单位"的原则：在城市主干道包围的用地范围内安排居住邻里。"单位"内除住宅外，应有一套基本的设施：小学校、邻里花园、儿童游戏场、教堂等，而且都在步行范围内。其目的是为了改善物质生活环境和构建一个社区的结构。"邻里单位"概念影响深远，其原则精神至今仍为很多国家的居住区规划设计所沿袭。雷德朋的设计可以说是较早的一个具体实践"邻里单位"概念的样板。

雷德朋社区的设计，以10幢住宅（独户式）为一组团，若干个组团组合成一个"大街坊"（用地12～20hm²）。汽车路在大街坊外围，并以尽端路方式进入每个组团。整个社区由若干个大街坊组成。社区内的汽车路与步行路系统完全分离，以保证安全与步行的宁静。这样一种人车分离、社区内交通与城市主干交通分离的规划设计模式，被称为"雷德朋系统"，成为汽车时代西方城市居住社区设计的样板，也作为其他城市项目中人车分离系统设计的参考和借鉴。

评论认为，"邻里单位"理论和"雷德朋系统"是具有世界性的，一项成熟的规划设计技术，提高了规划设计的科学水平。

参考资料：日本都市计划学会.Centenary of Modern City Planning and its Perspective

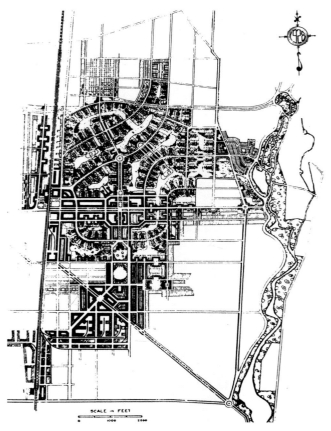

总平面图

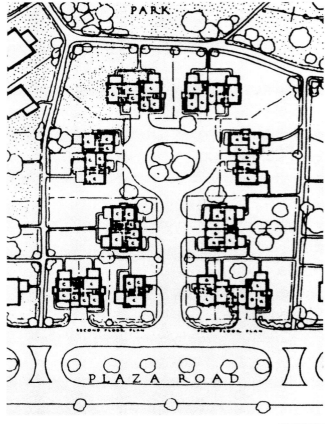

组团细部

22.伦敦科文特花园住宅区设计
(Covent Garden, London)

这是一个小型的城市设计项目，位于伦敦市区泰晤士河以北的一个街坊，四周都是街道，占地面积0.6hm²。主要布置住宅，还有公共设施，是一种混合土地使用的设计。该设计充分紧凑地利用土地，通过巧妙的设计，在不大的地块上安排了102户住宅（其中2人户60%，4人户和5~6人户各占20%），人口密度为符合规定的472人/hm²，住宅层数5~6层，没有一寸被浪费的土地。外墙采用浅褐色砖砌，整个形象简洁沉着，安详舒适，与周围环境十分协调。

该设计始于1976年底，1979年中期建成。设计采用L形的大户住宅上面布置2套小户住宅作为"基本单位"，用12组这样的"单位"重复8次，组合成一个整体。每户住宅有不同形式的单独入口，保持了居住的私密性；错落的平顶屋面成为上面住户的"小院"，可以种花；所有住户都是内向的，既能看到底层的公共空间，又避开了街道噪声。底层有近5000m²的公共设施，包括老年人日活动中心、商店、工作间、陈列室、卫生和社区设施等。有两层地下室：地下一层停车，地下二层为体育健身活动。

这个项目不甚知名，因为虽然没有什么"惊人"的"亮点"，却朴实宜人，所以很受普通市民的欢迎。附近的科文特花园(Covent Garden)市场，是一项旧城历史建筑再开发的成功案例。该场所深受伦敦市民的喜爱。

参考资料：GLC Housing Cdhams Site Covent Garden.The Information Office.Department of Architecture and Civic Design.GLC

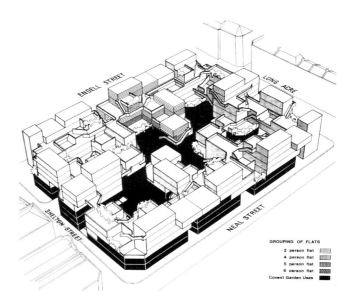

总平面布置图

内院局部

沿街景象

149

23.北京菊儿胡同旧城更新改建设计

北京菊儿胡同设计是吴良镛教授主持的一项北京旧城改建的项目。场地位于北京东城区，距鼓楼600m，用地8.2hm²，四周均为胡同，与北京的街巷系统紧密相联。北京旧城是明朝时大规模扩建，至今近600年。旧城有完整的空间结构，丰富的历史文物。城市道路系统，从大街——小街——胡同层次分明，功能清晰。以四合院为主要形式的住宅院落沿胡同布置，居住舒适、安静。但是一部分年久失修的破旧住宅需要改建，基础设施要改善。大拆大建势必破坏旧城完整的结构和肌理，难于使新、旧建筑和谐相处。

菊儿胡同项目以"有机更新"理念为指导思想，设计原则包含：1.重视旧城的城市肌理；2.创造一种新型的四合院住宅形式，以内部通道串联一系列院落（被称为"类四合院"）；3.这种新型的合院式住宅，既达到合理的日照、通风、采光标准，又集约使用土地，层数为2~3层；4.发展一种"类巷道"的通路系统以服务于合院住宅的各个"单位"，能使人追忆起"四合院——胡同"体系。该项目位于居住社区内，社区有较齐全的公共服务设施，公共交通可以通达市区各地。

该项目在设计前作了充分的调查研究，多次与社区领导和居民共同讨论，1987年提出设计方案，1989年开始建设，分四个阶段完成。设计作了社会经济分析，一部分原住户在改建后回住到原址。开发利益也得到合理报偿。从实践看，这里的居住条件和环境质量得到很大改善和提高。新的合院式住宅适合一般居民的生活水平，具有地方的建筑风格，与原有四合院住宅和周围的空间环境能够和谐地融合。

菊儿胡同的设计对旧城市的有机更新和住宅设计上现代与传统的结合作了有意义的探索，多次获得国内和国际的奖励。

参考资料：吴良镛.北京旧城与菊儿胡同.中国建筑工业出版社

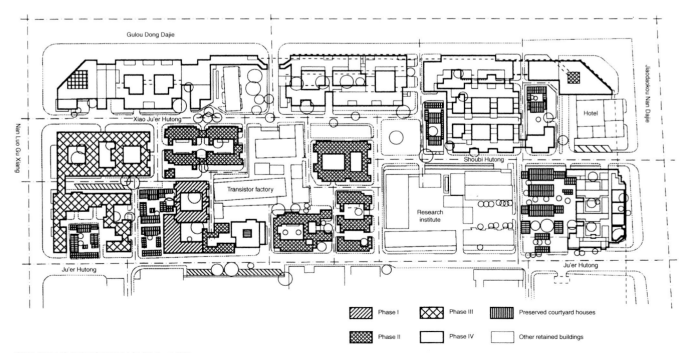

菊儿胡同总平面布置图(包括1-4期)

新的公共中心

丰富多变的屋面

院落一隅

24.佛罗里达海滨城（Seaside City，Florida）

位于美国佛罗里达州的海滨城是一座小城镇，始建于1981年，又被称为"海滨社区"，占地200hm²。这座小城是20世纪90年代兴起的"新城市主义"思想的产物。1993年美国一批著名的规划师、建筑师兴起一个"新城市主义运动"，1996年发表"宪章"，提出宣言和指南。该思想起源于对美国大城市郊区无序蔓延和其他现代城市问题的反思和批判，试图以一种新的城市设计思想来解决这些问题。该思想的主要原则是：重视区域规划，特别是大城市地区内的城镇合理分布；以人为核心，强调宜人的环境；尊重历史和自然。在规划设计上的特点是：提倡传统邻里模式（TND）和以公交（快速轨道交通）为主导的发展模式（TOD）；城镇布局紧凑，以步行为主，功能综合，网络式的道路，人性化的尺度，安全舒适，有情趣等。街道不宽，两旁富有传统风格的房屋后退红线，留出较多行走和公共交往的空间；建筑物的门、窗和传统式的门廊均面向街道；突出公共建筑的景观形象；中心商业街是步行街。城镇内部无须使用汽车。海滨城是反映这种思想的典型样板。评论认为，海滨城从形象和环境氛围看，"古典式"的对称轴线、街道对景，带点"殖民式"的建筑风格，非常像二次大战前的传统小镇。

"新城市主义"出现后，逐渐扩大影响，自有它积极的方面，但也被开发商利用和炒作。特别在中国，传统与背景和美国不同，仅从形式上模仿是没有意义的。也有人认为，所谓"新"的思想，实际上都曾提出过，并没有多少"新"意。

参考资料：王慧.新城市主义的理念与实践、理想与现实.国外城市规划，2002(3)

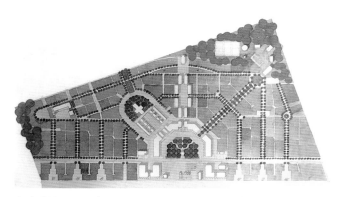

海滨城总平面设计

海滨城 Chatham 府邸

海滨城中心街道

25. 巴黎拉维莱特公园 (La Villette, Paris)

这是一项比较成功的城区改建设计。拉维莱特位于巴黎中心东北6～7km处。原来是一座屠宰场和肉品市场，20世纪70年代迁移它处，它的周围是运河和仓库。全部场址为55hm²，其中35hm²决定建设成拉维莱特公园，其内容为一座科学技术博物馆和一座多功能大厅，两者组合成"音乐城"。

B·屈米设计的方案是1982年从国际竞赛中选出。方案是一种"点——线——面"系统的叠合。"点"的系统是由25幢小建筑（屈米称之为follies），按120m×120m的格网，散布于整个场地。这些小建筑可作多种功能使用。"线"的系统是由2条交叉的科技长廊（直线）和1条弧形的电影化散步道（长3km）所组成。"面"的系统是指若干广场和场所。这3种系统把2幢大尺度的主体建筑——博物馆和大厅有机地联系起来。2幢主体建筑朝向各异，中间隔一条运河。

把屠宰场改建成科学技术博物馆是一项出色的建筑设计，由另一位建筑师A·范士伯中标而作。1986年建成开放。博物馆正面东南侧还有一座球状的全景影院。原肉品市场被仔细地改建为多功能大厅，可进行各种演出。南面还要建设多项音乐机构和设施，如乐器博物馆、音乐厅等，成为文化气氛很浓的场所。

屈米是后现代主义派的著名建筑师。此公园的设计被称为是解构主义的作品。实际上，城市空间不可能"非结构"。只不过对传统的设计构图手法有所创新和突破，效果给人以新奇和惊叹。

参考资料：(1)Centenary of Modern City Planning and its Perspective. 日本都市计划学会编.
(2)孙成仁. 后现代城市设计倾向研究. 博士生论文

科技博物馆和球形大厅之一

科技博物馆和球形大厅之二

Follies 的奇异形象之一

Follies 的奇异形象之二

Follies 的奇异形象之三

26.东京惠比寿花园更新改建设计
(Yelisu Garden Place, Tokyo)

1994年落成开放的惠比寿花园，是一处多功能的城市中心，是20世纪日本最后一个大型城市更新改建项目。该中心位于东京市区内，场地是原来一座具有百年历史的啤酒厂，该厂于1988年迁往千叶。东京市政府决定将原厂址进行再开发，由一个企业集团进行运作。开发目标定位为：在东京城区内建设一处"被水和绿化围绕的信息和文化中心"，把"花园城市"和"市场"结合起来，创造一个既"富有时间"（指多种功能和活动）又"富有空间"的场所。该场址面积8.3hm²，地面建筑总面积47.7万m²，容积率高达5.7，但建筑密度比较适当，开敞空间占80%以上。

按照多功能的目标，全园最高的建筑是一幢智能化的40层塔形办公大楼（167m高），位于38至39层的餐厅可眺望全城，2幢高层和小高层住宅可提供1030套居住单位，地下层共有1900个停车位。在文化休闲设施方面，有多功能大厅，独具特色的摄影艺术博物馆，电影院，啤酒城，高级餐厅等，为人们提供多样化享受，目的是使人高兴和舒服。在入口处设一个钟塔广场，流水和水幕附近还有城堡广场，创造出十足的欧洲风味。绿化都经过精心设计。

该中心另一个优势是方便的可达性。它位于东京主要交通干线——山手线一侧，从附近车站通过高架自动步道只需5分钟即可到达，通往另一地铁车站只需步行11分钟。它的基础设施是现代化的，包括全地下的停车场，中水回用系统，集中供暖制冷系统和先进的垃圾处理系统等。该项目开放使用后获得较好效益，被认为是一项成功的城市更新改建工程。

参考资料：Introduction of Yelisu Garden Place.Sapporo Breweries.Ltd

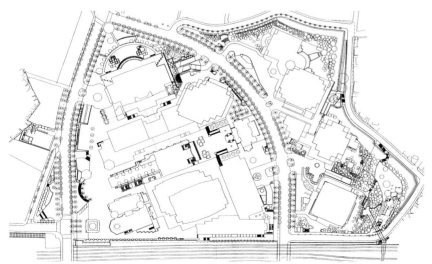

总平面

主要入口

全景鸟瞰

27.华盛顿越战纪念碑
(Vietnam Veterans Memorial,Washington D.C.)

华盛顿首都特区（D.C）中心绿带（Mall）内，于 1982 年建成一座纪念越战阵亡将士的纪念碑，由一位华裔女建筑师设计。纪念碑位于中轴线的草坪上，采取下沉式斜坡甬道布置，甬道一侧镶以黑色磨光花岗石墙面，墙上镌刻 5 万多名死亡战士的名字，显得简朴肃穆。甬道的方位正对着华盛顿纪念碑和林肯纪念堂，但沉于地面之下，与挺拔高耸的塔形纪念碑形成对比。越战是美国人自己承认的一次历史上的败仗，下沉式的"低调"处理，比较符合悲哀沮丧的心态。纪念碑对地面和周围重要公共建筑没有形成干扰和破坏，从构思到艺术处理表现出高超的水平，是城市设计的一项杰作。

参考资料：王建国编著.城市设计.东南大学出版社

下沉式坡道

下沉式坡道，一侧镌刻死亡战士的名字

28.新奥尔良意大利广场
(Italian Plaza, New Orleans)

由著名建筑师查尔斯·穆尔(Charles Moore)设计的意大利广场，1978年建于美国新奥尔良市的意大利人社区。广场周围有一些19世纪建的商业建筑和一座现代主义风格的大厦。穆氏在设计中采用"拼贴"式的手法，将带有意大利文化、历史的符号、部件加以变形、移植拼凑在一起，造成一种被称为"杂乱疯狂的景观"。如广场地面图案是地中海和意大利的版图；半围合广场的柱廊将希腊罗马时期的五大柱式（多立克、爱奥尼、科林斯、塔司干、混合式）并置一起，柱顶涂上缤纷色彩，设计师的头像雕刻在额坊上；泉水从象征阿尔卑斯山的台阶流下，注入广场中央的"地中海"。

穆尔的设计构思就是企图用最能引起人们记忆的东西，造成一种"历史梦幻感"，隐喻意大利移民与这个社区的文脉关系，唤起人们对母国文化的回归感觉。这是一个典型的后现代主义设计，含有"解构"和"拼贴"的意念，一般人看来像个"戏作"，虽不能说是当代城市设计的主流，但也可代表一种流派。值得关注的是，这种流派也"传染"到中国的某些设计，不知是喜还是忧。

参考资料：孙成仁.后现代城市设计倾向研究.博士论文

广场图景

29.拉斯韦加斯娱乐城总体设计(Las·Vegas)

这是一个独特的案例。把它排到后面，确有当成"另类"的意思。确切说，这是一个没有多少"设计"的城市设计。作为城市，它是世上少有的一座纯娱乐性的、著名的"赌城"，也同时具有旅游度假、国际会议、博览的职能。20世纪60年代，在美国内华达州沙漠地区沿着公路带形发展起来，形成一条繁华的商业走廊(Strip)。它在城市发展上几乎"突破"一切现代主义城市规划的"框框"，自然地成长。每天旅客超过10万人次，有豪华旅馆50多家，拥有6万多间客房，规模庞大的赌场300多家。虽然没有整体的规划，但很重视小空间环境的统一和协调，创造富有人情味的场所。一些"后现代主义"的建筑师为其设计了大量奇形怪状、标新立异的建筑，与色彩、光照、音响结合起来，创造出一种热烈、刺激，甚至荒诞、花哨的城市形象，与娱乐赌城的性格相一致。拉斯韦加斯受到"正统"观念的批评，甚至"不屑一顾"。也有人认为它"富有情趣和回味无穷"。无论如何它吸引着世界大量游客，成了旅游美国的必去之地。

参考资料：黄添."向拉斯韦加斯学习什么？" 华中建筑，1994(2)

SHARA 酒店

市中心

酒店大厅

某娱乐设施

夜景

30.香港米浦湿地保护区设计

香港米浦自然保护区面积1500hm²,位于新界北部前海湾(深圳湾)附近,与深圳隔湾相望。该保护区内有湿地、红树林。多达10万只水鸟每年来此栖息。过去,这里是饲养鱼和基围虾的池塘。1960年此地区被列为保护区,1976年进一步被确定为有特殊科学价值的场址,由世界自然保护基金会管理。基围虾的传统性饲养自然被保留作为湿地向人们展示的一项内容。很多年来人们认识到前海湾地区商业性鱼塘有生态意义上的重要性,并接受它作为对湿地流失的一种补偿。

该地区由世界自然保护基金会(WWF)负责管理。进入要取得批准。区内严格控制建设。主要通道是一条由木板铺成的栈道,行走时要保持安静,以免惊动水鸟。观鸟在一幢专门设计的房屋中。一切设计和建设都是把保护湿地和野生动物放在首位。保护基金会重视教育的作用,把该区作为对学生进行环境保护教育的基地。每年接待4万人前来观光,包括400个中小学生团组。学生参观的全部费用由基金会负担。

该项目是一种特殊性质的城市设计。其意义有二:一是香港是一个高度发达的城市化地区。但是在新界保存着大片郊野公园和水面、湿地,这是城市重要的"生态屏障"。米浦保护区位于大埔新市镇附近,没有被"商业性开发",是极为重要的举措。二是保护区的设计做到了"清净少为",没有多余的"动作",是非常可贵的。该设计获得香港城市规划学会经过国际专家评审所授予的奖励。

参考资料:"From Fishing Hut to Education Centre".WWF Hong Kong

深圳湾米浦湿地自然保护区航空照片之一

米浦基围鱼塘鸟瞰

学生们访问米浦自然保护区

深圳湾米浦湿地自然保护区航空照片之二

附录二
城市设计
（1977 年版不列颠百科全书条目）

英国《不列颠百科全书》（1977年版）的"城市设计"条目，是一篇阐述城市设计的佳作。1981年由我国已故著名城市规划学者、中国城市规划设计研究院原总规划师陈占祥教授翻译。陈先生于20世纪40年代留学英国，就学于利物浦大学城市设计系，师从著名的城市规划学者P·阿伯克龙比（Patrick Abercrombie）教授。二次大战后，陈先生回国参加建设，先后在南京、上海、北京从事城市规划的实际工作，为中国的城市规划和建设事业作出很大贡献，不幸于2001年病故。陈先生的译文准确达意，文笔流畅。特别在今天我国的城市设计工作正蓬勃开展，此文仍有重要的参考价值，在此附录以飨读者，并对陈占祥教授致以深切怀念。

著者

城 市 设 计
(Urban Design)

陈占祥　译

设计是在形体方面所作的构思，用以达到人类某些目标——社会的、经济的、审美的或技术的。人们可以设计庭园、书籍版面、烟火晚会、排水渠道等等。城市设计涉及城市环境可能采取的形体。城市设计师有三种不同的工作对象：（1）工程项目设计，是在某一特定地段上的形体创造。这一地段有确定的委托单位，具体的设计任务，预定的竣工日期，以及这一形体的某些重要方面完全可以做到有效的控制。例如公建住房、商业服务中心和公园等。（2）系统设计，是考虑一系列在功能上有联系的项目的形体。这些项目分布范围很广，都是由一个统一的机构负责建设或管理的，但它们并不构成一个完整的环境。例如公路网、照明系统、标准化的路标系统等等。（3）城市或区域设计，却有很多委托单位，设计任务要求并不明确，对各方面的控制不是很有效而且经常有所变动。例如区域土地使用政策，新城组建，旧市区修复加以新的使用等等，就是这一类的设计。必须指出，在强调环境对人的直接影响时，并不是说，设计仅仅涉及形体的某种单一作用。

本文内容如下：

1.近代实践
城市设计的失败
城市设计的元素和素材
评价标准
城市设计中的社会背景
城市设计中的典型问题
表现方式

2.历史评述（略）
起源
古代西方
早期亚洲
古代美洲
早期非洲
中古伊斯兰
中古欧洲与文艺复兴

近代实践

城市设计的失败

华丽的建筑、庭园或桥梁的例子不胜枚举。可是美好的环境却不易找到，尤其是近代例子。规模不大、舒适、功能良好而又美观的住宅区倒有不少。也还有少量的设计优美的城市中心。形体特别出色的、有规划的大型居民点是很少的，如：芬兰的塔皮奥拉（Tapiola）和瑞典的魏林比（Villingby）。可是有规划的但却是丑陋而不适于居住的小区，不像样的城市郊区，灰溜溜的市区和荒凉的工业区到处都是。未曾规划，形体特别优美的历史古迹倒较为容易见到。打开大多数有关庭园建筑或城市设计的教科书，可以看到历史名城、古老的耕作区或者原始而富有野趣的地区等等图片。显然没有规划的棚户区或者古老的旧市区与最新设计的城市郊区或者公寓住宅工程相比，反而显得温暖而有趣。

解说设计失败的原因可能很多。其中一条是，优美的景观需要在时间中成熟，随着时间的转移，历史痕迹累积起来，于是形体与文化紧密地结合在一起，如果这样说是对的，那么最好的办法是在今天创造技术上合理的环境的同时，要把过去保护好，使新的环境在以后年代里也会发展其个性。这样的说法如果是确切的，那么对大搞环境建设而且远远超过前人的这一代人来说，是大煞风景的。

困难或许是一个尺度和控制的问题：良好的环境是环境使用者的直接产物，或者说是对使用者的需要和价值有准确认识的专业人员的产物。私人住宅可以设计得非常优美，可是为人民集体设计的住宅群总不能设计得非常优美。或者可以说，真正的理由比此更为深刻——环境反映的是社会的形态。产业革命把空间与人都当作可以利用的资源来看待，因此随之而开始了环境质量危机。只有通过社会内的根本改革，这一危机才能克服，技术革新能起的作用是微不足道的。

一个可能的办法是下决心对环境质量下更大的力量去解决，但这往往因经费不够难以实施，有些项目费用很大实际上是非人力所能实现的。而世界上许多地区经济困难，不能特别为了优美环境耗费大量资源。

失败的最后一个原因是个技术性问题：就是说，大型环境设计是项非常新的课题，城市设计师今天还没有完全掌握它。良好环境在过去是一点一点建设起来的，因为在当时这是惟一的做法。良好环境不是今天能创造的，因为今天还没有人能真正掌握设计的新尺度。环境规划确有某些成就，技术的提高也可能有某些希望。但是，除非同价值和社会的变化联结起来，这些成就和希望是不会在实用的尺度上起太大作用的。

城市设计受各种专业人员和决策人的影响，有时是有意识的，但往往是偶然的影响。那些自称为城市设计师的人很可能都是些受建筑或庭园建筑教育的人，他们只是在一个很大队伍中担负一部分工作。最多他们承担工程项目设计，如商业服务中心，公房建设，公园，博览会，大学，医疗或政府中心，市区更新工程和大型近郊住宅区，等等。他们受聘于大投资商和大地产商或者政府开发部门。

城市设计师一般在三种机构之一中工作。第一是在规模较大的建筑规划与顾问事务所工作。事务所为委托人制定全面的工程设计，从市场研究、工程计划、投资与法律事务规划、建筑设计和工程设计，到编制施工图纸和现场监工。他们也受聘于负责一个环境施工和管理的公、私机构。最后，城市设计师也受聘于一个地方政府，特别是市级政府，从事于公、私建筑工程设计的管理工作。

专业城市设计师与直接使用者之间是有距离的，而且在决策过程中同其他人员也往往发生矛盾。设计师可能只是执行已经作出的决定，也可能由于本人的威望以及他善于左右方案讨论的能力，从而掌握相当

大的权力。但是他所关心的似乎只是在基本计划肯定以后采用何种设计技巧，因此很少在决策中发挥作用。许多其他专业人员和决策人一起对环境的形成起很大作用，但他们对环境质量却往往缺乏清醒的考虑。工程师设计道路、桥梁及其他工程；地产商修建起大批住宅区；经济计划师规划了资源分配；律师和行政官员规定税收制度和市级章程规范或者规定批准拨款标准；建筑师和营造商修建个别建筑物；工艺设计师设计店铺门面、商标、灯具和街道小品；政府部门建设和维修公共道路并修建公共建筑；测量工程师负责街坊基地区划；公用事业公司设计和安装公用管线；像灯柱或墙板一类标准构件的制造商也会对环境起普遍的影响。即使在社会主义国家里，建设和管理城市环境的责任也是很分散的。真正受环境好坏影响的使用人的呼声却很难被听取。

城市设计的元素与素材

城市设计师用来创造环境效果的原料是很丰富的，但其中较为突出的可归纳如下：

空间

景观中的空间是第一位重要因素，因为人是走动的。城市设计师要处理的是群众能出入的室内外空间；室内空间像门厅、廊道、隧道、站台大厅，等等；室外的像街道、绿地、广场，等等；要处理好它们的位置、尺度和形体以及相互之间的联系。巨大的空间，特别是室外的，往往形体松散，而且由于距离、遮挡、高差和几何形状等原因造成视差。空间可以由实墙或断续的墙包围起来，甚至也可以由柱廊、护柱、图案变化、高差突变和意境延伸等传意手法来构成。建筑物是包围空间的传统元素，但室外空间并不总是全部包围起来的，近代空间处理则更加开敞和复杂多变。

空间各部分之间的比例或尺寸，以及空间与其周围物体和人的尺度关系等都会影响空间的个性。空间因步移而境迁。空间的形象因观察者的活动，墙面和地面的颜色和质感，以及小品布置等等而有所变化。一个无人问津的广场同一个熙熙攘攘的广场很不一样。阳光可以很好地利用起来去突出某一部分的质感，掩蔽或显露某一特征，加强尺寸对比。

除视觉外，其他感官也可感觉空间。最显著的是听觉，回声位置空间大小的一个精确表达。一个地方的气味是它特性的一部分，小气候也是如此，人们总会记得某一地方凉爽、潮湿或者炎热，明亮或风大。而这一切又可通过设计加以变化。空间形体还带有象征

性意义。巨大空间给人以一种生长的感觉，小尺度引人入胜，窑洞给人安全感，草原使人觉得自由。

表达空间类型的词汇是丰富的：对景，四合院，狭谷，盘陀路，隧道，大路，华盖，林阴小径，曲径，绿地，盆地，山顶，谷地，等等。较为具体地说，有各种城市空间类型：英国住宅区广场，意大利前庭广场，法国的对称广场，园林公路，大路，柱廊甬道，河边步道。新的社会要求和设计师的创造性劳动又发展了新的类型：高速公路，地下铁车站，商业步行道，大型综合建筑内部空间和工业地段。

看热闹

设计师习惯地把注意力集中在可见的空间上，而对一般群众来说，这却没有像人们熙熙攘攘那样，更具有吸引力。瞧着人们，自己也被人们瞧着——瞧瞧有谁在那里，在干些什么，想干什么，那是具有永恒魅力的。设计人可以做到让人们瞧见这些活动：为人们相聚、散步和欢庆留出地方，又可以做到使人能更好地活动，丰富活动方式。光线和距离决定人们能不能看清彼此的脸堂；噪声高低决定谈话是否方便。运行的轮船和火车，工作着的巨大机器像火和水一样能吸引人。

序列

景观也是沿着街道、步道和交通线路所看到的景点的序列。单一的景点比不上景点序列所产生的累积效果那样重要。从一个狭谷出来突然进入一个开朗地段，必然会取得效果。走向问题很重要：有明确目标的走向，一段段路程有明显的段落标志，出入口位置清楚等等。每一景点应当引入到另一景点。著名大城市由于那里有良好步行环境而美名远扬——这种步行环境今天往往被忽视了。城市设计的一个基本步骤是对所见环境的效果加以分析，不宜平淡无味、一目了然，而应是一个作为人们行动于其间的形体环境。

传达

景观可以通过直接符号或者人对可见的形状和行动会意的理解把意义传达给人。这些意义往往寄寓于人工的符号之中：文字、偶像或某些惯用标记，如理发店的转筒或门罩。这些标记是必需的也是有趣的，凭此一系列信息得以澄清并加强。标志不仅仅是为了广告或招揽，而且还能说明历史、生态、人的存在、交通往来、气候情况和时间，预告将发生的事情，以及基本价值标准。

表面

墙面、屋面和地面的质感是街景中极能引人注目的特征。城市路面最为重要：人接触它也看见它。路面清洁是个带情感的标志；高差变化迫使人注意。质感

的格式引导并表达了人的行动格式，如道牙子，路旁浅水沟，步道，树皮贴面，砂子。质感可以使形体不显眼或者突出。虽然，沥青是城市化的隐喻，可是城市表面却可能是多种多样的：耕地和整理过的土地，矮灌木和地被植物，高草和草坪，灌木丛，树皮，碎石，砂子，砾石，划格混凝土或露石混凝土，木块和木板，水磨石，马赛克，石块，砖块，面砖，卵石，方石和石板。造价与维护的考虑促使混凝土或草坪的广泛使用，然而用途不同，材料也应随之不同。

岩石，土和水

在地表铺装之下，环境的基础是岩石和土层。沟渠和填土，坑穴和露头，峭壁，山洞和山丘等使人感到自己生存在地球之上。地下岩层是看不见的，赤裸裸的地面又使人看了难堪，可是这些都是有表现力而且往往受人欢迎的素材。

水也是一种基本元素，它的特性很简单可是能产生丰富多彩的效果。与水有关的日常用词繁多，足以说明水的潜在作用之大——海洋、水池、水帘、水柱、激流、溪流、水滴、喷泉、瀑布、水膜——与液体运动有关的名词也很多——淌、泼、泡沫迸溅、泛滥、倾注、喷射、汹涌、涟漪、流。各种各样的形态和运动形式，和谐而又是千变万化，光和声的交织，与生活息息相关。这一切使水成为室外环境最美的素材，流动的水给人一种生命感。静止的水，一种宁静感，水与光相嬉，反映出瞬息万变的云天或附近沐浴在阳光中的物体。水在技术上不易处理可是它的魅力无穷。

植物

许多景观中是没有树木的，许多美丽的广场上没有一棵树。可是树木是造园的基本材料之一，而且是最受人欢迎的。不幸，植物总是开发项目中一项"额外"开支，预算一旦紧张，首先就被砍掉。

在小气候、土壤条件、交通量和维护条件等制约下，要选适应性强的树种，树种的质感和一般生长习惯比之个别树形较易预见，而且也较为重要。新植树木外形如何，成熟后或者衰老了又将成怎么样，在选择时都应考虑到，因为它们是有生命的景观。风景管理要做到使风景能迅速成为一个稳定而自动更新的体系。

细部处理

经过开发的地段里有许多人工小品，像篱笆，椅凳，路标，立杆，停车计时器，垃圾箱，消防栓，人孔，电线，路灯，邮箱，步阶，道牙子和公用电话等等。奇怪的是提起这一系列小品使人感到格格不入。它们在城市文明环境中到今天还没有被很好地融会一体，而

它们又是必不可少的设备——报警设备必须醒目，垃圾一定要有处可倒，疲乏的行人需要歇一下，私人的地方总要有篱笆隔一下。对于这些小品，设计人往往关心的是它们的具体位置，而且往往要把它们隐藏一下，或者把它们"组织"在总的设计里或者设法使它们显得漂亮些。至于它们的实际用途以及适于使用的形状却关心不够。

评价标准
环境负荷

一个地方或许太热，太闹，太亮，信息太多，味道太浓，风太大，太脏或污染太严重，甚至那地方太清洁，太空旷或者太静了。城市生活中常听到的怨言来自体形环境给人们带来的生理上和感觉上的压力。常提到的有气候、噪声、污染和视觉等因素。一般的说，这些因素总有一个可接受的限度，限度的两个极端总有一个临界值。两极端之间的幅度是有生物学基础的，但又受人的文化背景、性格以及人的活动等的影响而有所不同，对某一组工作和生活行为相似的人们来说，他们对什么是不舒适的，什么是难以忍受的，可能反应是一致的。因此，卧室里可忍受的噪声级在西方世界有一个普遍接受的标准，可是对于什么是室内日常生活中的舒适温度标准就不是这样，欧洲各国间标准出入可达 10℃ 之广。

比舒适感更较客观的标准是环境对健康与工作效率的影响，譬如说，有资料证实空气污染对胸腔有影响，噪声影响工作效率和孕妇健康。可是人体机能的适应性是很大的，有时候可以轻易地在高度噪声和污染的情况下幸存下来。真正的问题在于怎样的适应性才能不付出严重的隐蔽的代价。无论如何对城市噪声、污染和城市气候的埋怨是相当普遍的。改善城市环境现在已经有各种方法，所以设计时应当考虑到城市小气候，城市的空气或水将能达到什么样的清洁度，噪声应如何防止等等。

活动方便

看起来不言而喻，一个地方应当有便于人们在这里的活动，可是这却往往没被人意识到。门不易打开，背着沉重的东西爬楼梯，步道滑溜，或者不是走向人们想去的地方，没有地方坐一下或者能舒适地说说话，没有公共厕所，没有地方冲洗汽车，也没有地方好种些花草，没有地方把婴孩托放一下。室外空间总是当作艺术处理而不是作为人们在其中活动的空间来对待。如果考虑活动，也总跳不出老一套：打打篮球，欣赏某一景观

或者就是为了停放汽车。把各种活动单一化并完全按一种用途来设计用地。或者设计了一个环境硬要使用人按照自己设想进行某种活动——幸亏这总是行不通的。对于人的活动实际上的多样性和丰富多彩却一点不考虑，也没想到不同的人群和他们的行动有一些是彼此共同的。这些问题有的是可以通过编写特定的大纲来加以解决的，就是说，对人们某些可能遇见的和希望遇见的行动作出详细的调查，并提出为此应当设计什么样的环境，以及除这些活动外，这一环境还可以做那些其他活动。这种做法与目前的一般做法不一样，目前的做法只是简单地列出所需的用地而已。计划人们的行动必须考虑时间因素和空间位置，这样有便于解决使用上的矛盾和综合使用问题。还要分析，各地方是否能进行人们经常要参加的活动；他们能不能在那里行动自如，不致混乱并且安全；是否能满足人的感觉要求；是否便于人们社交；是否有个人的安宁并不受干扰。每一地方应当使人能增长他的才能去从事他想做的工作，甚至使他有可能进行创新的活动。所以设计人除要考虑环境的最初体形外，还必须考虑环境的管理问题。

环境特性

每一地方应当有明显的感性特征，便于识别，易于记忆，生动而又引人注意，与其他地方不一样。这些是感性认识所必需的客观基础。对某一地方的人来说，还有助于加强他们的乡土情感，而且这也是反映各地风俗习惯的标志。

测定地段特性不在于地段的地理特性，而在于人们对这地段的生动记忆和识别的程度。因此为体现地方特性，必须理解使用人是如何看待这里的一切事物的。由于地方特性会随人们的思维形象而变化，所以通过对人的教育可以加深人对地方特性的认识，还可以通过训练，使人们能看到以前从未注意过的重大区别。如果人们能够做到使环境适应他们的目标与要求，并且允许这种适应性随着时间逐步累积，那么地方特性就更加明显。

多样性

大城市公认的引人入胜之处，在于城市居民和地段的多样性。对小镇、市郊或市区内贫民窟的一条相应的批评，是这些地方不能提供多种多样的机会。多样性是选择的明显前提，它关系到人们从千变万化中所取得的无穷乐趣，为了鼓励人们相互交往，环境中应多设置些引人入胜的东西，这是一条很重要的条件，也是发展人的感觉系统所必需，有许多试验已证明这一点。

很难确定什么东西应当多样化，两个不同方案的

相对多样化程度也难以衡量，所有事物在某种程度上彼此总是有区别的，大多数的差异是轻微的。要测定"适宜的"多样性同样是困难的。对某些人是兴奋的事对另一些人却引起惊吓。有人要买衣服，希望有较多铺子好进行挑选，而另外有人却愿意到一个能眺望景色的地方。

所以一位城市设计师要摸清人们认为重要的多样性。环境中有不少看来五花八门的东西——譬如说，那些商业设施——实际上没什么意思而且是乱糟糟的。有些美感环境的多样性变化是受人欢迎的，可以选择安静或兴奋、清寂或热闹、人为或自然的地方，又有各种活动地点可供选择。譬如说，人们往往幻想能住在靠近热闹街道的一个安静的庭园之中。

能感到的多样性是实际存在的多样性环境的反映，但是也受多样性环境可以接近的程度以及居民的接受能力和兴趣的影响。因此说，感觉得到的多样性的变化是由于多样性客观环境的增多，由于出入途径的改善，或者由于教育培养了人们对它的兴趣。所以根据目前选择的方案进行建设，一个良好的环境可以为创造新的环境开辟途径。

布局清晰

一个普遍的而值得争辩的论点说，一个环境内的元素应当这样来布置，使人们能理解环境在空间与时间中所形成的格式。在这条思想指导下，如果一座城市的布局能使人一目了然，或者城市历史都展现在人们面前，那么这座城市就要比布局混乱或古迹毁坏无遗的城市优美得多。

城市结构格局清楚有个很明显而有实在价值的优点，那就是人们在城里很容易找到和识别要去的地方。这样，就改进了人们来往的条件，并增加了交往的机会。这种布局会成为感情上的安全感的根源，并成为人与社会关系上的自我感的思想基础。它可促进市民的团结并且有助于扩大人们对周围世界的认识，也可以给人们由于认识了复杂事物中的相互关系而得到一种美的享受。因此，人们从某一制高点俯视全城会普遍感到一种愉快的心情。相反，大都市圈的结构混乱总使人厌恶。

格局清晰对心情焦急的旅游者，对从事于日常工作的有心的当地居民以及有目的的散步者，是大有帮助的。不同的人寻找不同的线索，但多数人关心的总是某些基本点，像城市主干道系统，基本功能分区，主要中心区，自然风景区，大片绿地或许还有某些著名的历史遗迹。

布局在时间上的清晰性同空间上的清晰性有同样的重要性。景观可以启发居民回顾过去，了解今天的周期性节奏，甚至预示将来的希望与灾难。

含义

环境是一卷巨大的著作。人们不断地在研读它——由此得到某些实际知识，大家对此总是抱着新奇的心情，他们看到许多事物并为此而感动。

景观所起的象征作用是耐人寻味的，不幸的是，今天对此理解不多。不同阶层对含义的认识各有不同。大企业、保险公司的巨大建筑物或者诱人去买某些商品的各种各样的广告，它们要表达的主要价值是再也清楚不过的。但是这些象征符号并不反映下层社会的价值观念和新出现的价值观念。暂不提此离题之言。各地方的特性和清晰性确实提供了一个共同的体形基础，而所有的人对此都可以作出自己的解释。一组摩天大楼有人可以看作为令人兴奋的巨大力量，而另外一些人则认为是残酷压抑，但两种反映却来自同一事物。体形结构应当同功能和社会结构相一致的。譬如说，体形单元应当与社会单元，如家庭相呼应。市内要点应当与活动焦点或社会风尚聚焦点相一致。地区界限与市民行为界限相一致又是体形环境与社会环境一致性的第一表现。

城市广告往往被人在美学立场上所否定，但广告有着重要作用。对广告提供的大量信息应当加以管理，使某些重要信息，像对城市秩序控制信息应保证不被其他广告所淹没。同时人们必须能够关掉凡是干扰安宁的设备，像广播喇叭、耀眼的灯光或者在视野的关键部位上干扰人们的其他设施。广告可以用来使人增加对本城市的认识。公共问询中心可以成为吸引人的地方。

增加城市景观的"透明度"或许是很有意义的，因为今天城市内的经济与社会过程越来越隐蔽起来。施工场地总是很吸引人。因为这是人们还能看见的。少数工业过程之一或许可以作为一项政策来鼓励用遥感技术，或者直接让群众观看生产过程。这样，城市或许能在不妨碍生产过程的前提下，恢复前工业社会那种活力和人与社会的直接接触的感觉，当时的作坊和市集都是敞开的。另一方面来说，这样做也有干扰别人安宁的危险。视觉上有"透明性"的政策是很诱人的，但也是很敏感的。

对这个问题进一步深入下去，会碰到无数困难：价值准则的不同，有特殊利益的各个集团会设法垄断并滥用通讯系统，甚至还有，真实地暴露社会某些情况会带来难堪。可是建筑和地段总会在人们心中激起强烈感情，这类感情应当是设计人需要关心的，像市政厅大厦给人孤傲和与世隔绝的那种感觉，办公楼门厅令人生畏的那种冷冰冰气氛或者公共公园的默默迎客风度。

开发

环境对每个人智力、情感和体力发展是起一定作用的，特别在青少年时代尤为重要，在一定程度上，晚年亦有影响。恶劣的环境对人会起消极影响。这是早被证实了的。在人的成熟过程中，丰富的感觉知识所起的作用在实验上是有所根据的，然而大部分研究虽然很有可能成立。但目前还只是属于推理的。

一个有教育意义的环境要充满有用的信息，历历在目引人注意和探索，特别在人们一时无事在身的时刻——如正在闲散溜步，旅行者在等候。在一个学习环境里，高度兴奋与清净自在，是交替发生的。在这样的环境里，要有直接驾驭周围世界的机会。把城市作为一项教育设施是令人向往的课题。把这个课题与城市设计准则联系起来，只是一种设想，而且很没把握。

感知的保证

除上面一切之外，感知周围世界本身就是一种享受：阳光闪耀，对风、触摸、声响、颜色、形体的感受等等。把这些施加于人是很困难的，但设计人应当设法避免破坏这种感觉（如噪声干扰或者平淡无味的立面）。它可以使空间开旷，而又能吸引熙熙攘攘的人群。动态总是最吸引人的：流动着的水，人群，飘云，光和火，开动着的机械和迎风飘扬的锦旗。

设计制约

委托人和使用人的权力和意图，往往是城市设计过程中的决定性因素。然而还有无数其他条件也会影响设计效果。其中之一是基地本身：它的地形地貌，植被，气候，生态，海岸和河岸，平原和山区，沼泽和沙漠，都对设计提出制约，而制约又意味着某种设计的可能性。基地上局部特征和它的一般特征也是有影响的：地面上一部分高地可能确定一个景点，也可能确定建筑物朝向，或者一条街道的走向。小气候的变化是特别重要的。

现在，基地的自然条件或许不像过去那样起很大的决定作用，因为现代技术可以改造它们：可以填海、劈山或者空调巨大的室内空间。但是使用现代技术威力时，往往会碰到难以想像的副作用：河道因堵塞而泛滥，城市上空形成热岛，潮汐停滞，土崩和侵蚀。

改变基地自然特征的能力还有另一后果。全世界城市现在看起来都开始变成一模一样。其中一个极端例子是航空港，几乎全世界都是一个模样，许多市中心区、市郊区或住宅区几乎也是如此。谨慎的选址或

许能改变这一情况。但是强调并表现文化上的差别可能比什么都会更好改变这一情况。

城市设计师不仅要研究自然条件，而且要注意过去的人造环境。如现有的构筑物和交通系统，公用事业和公共服务系统。只有在罕见的情况下一个社会才会把过去的环境资源完全抛掉，即使是这样，难以预见的社会和心理代价也会很大的。

城市设计一般总是对现状进行复杂的安排，一系列的改建，但又保留了不少过去的开发格局。因此设计的第一步就是分析什么必须保存，什么可以抛弃。

城市道路格局变化很难，因为它们还受土地所有制与公共事业管线系统等其他格局的制约。道路格式可以若干世纪不变而建筑物可以拆而又建，甚至街面可以几次翻建。看不见的红线和地下管线是极难变动的。此外还有法律的或者社会的权利，包括某些特殊社会团体彼此承认的势力范围，有些是社会习惯承认的地段，如人们从事某些活动的习惯场所，这些场所是不易改变的。还有宗教圣地，旧市场和人们经常聚会的地方。任何规划对这些地方提出改变势必遭到反对。所以，必须注意环境在人们心目中的形象：他们对地段界线是怎样划分、联系的，对他们有些什么意义，他们在这里进行什么传统活动，像生态系统或者像历史古镇一样，现有的社会形象必须首先弄清楚才能对它进行改变。如果不这样，后果难以预测。譬如，故意破坏，抱怨，新商业点营业不振，方向不明或者引出政治上的反对派。

从规划来说，环境，像空间经济学所主张的一样，是作为一整系列的活动点和它们之间的联系来考虑的。每一活动总有它的特殊活动地点和与其他点的联系。规划就是在权衡各项活动的相对重要性之后要找出点以及点与点之间的最佳的格局——活动的相对重要性是指社会价值，政治力量或者支付能力而言。这样一个规划格局包括运输系统在内，就是城市设计的骨架。如何对各项活动进行分类、联系和权衡是设计格局的关键一步。所以这些设想不可能没有异议地被接受。特别是交通要求，这是城市设计中的主要技术制约。在极大多数规划设计中，车辆交通与停车场要求总是一个极大的问题，如车辆出入，线路布局以及交通用地都是根本性问题。但人们却往往忘了，这些要求并不是不可变更的法则，它们无非是社会决定要采用的交通方式和交通时速的反映而已。可是，不管采用哪种交通方式，城市交通运输量总是很高的，始终是新城市开发中的一个必然会出现的问题。因此，公路、车库、快速大运量客运线、航空港、水路、铁路和人行步

行道系统等，始终是最常用的城市设计技巧。公用事业和通讯系统是城市基础结构的主要项目，但它们的技术要求对城市的空间格局布置的影响倒不是主要的。

在其他的技术要求中，安全往往占重要地位，即火灾、地震的预防，交通安全或社会治安。交通伤亡数字极大，偷盗和行凶层出不穷。因此必须更多注意道路交叉口的安全设计，为防火要多注意房屋间距，小区设计要多考虑如何便于警察和居民监视区内安全。有些地方主要要考虑有组织的袭击：空袭、地面进攻或者地下组织的破坏活动。历史上，城市规划师的主要技术之一就是在于他所掌握的城防工程知识。

公共卫生要求又是另一套技术制约。19世纪城市规划的最大成功就是改善了当地公共卫生，那时制定的一些原则都被吸收到今天的规划中。现在最严重的问题是大规模的地面、空气和水的污染，以及它们对人类健康的长远影响。防止污染是环境设计的特别制约因素，而规划师现在刚刚开始注意到污染问题。然而，环境形体对人的心理卫生起什么样的作用，至今还是知之不多。

像任何投资一样，费用是项强力的制约，城市规划设计师必须知道如何估算造价和维护费用。这些估算不仅比土木和建筑工程估算更缺乏精确性，而且在其他方面还很不全面。改建而产生的社会的和心理的代价往往没被注意，可惜这都是经济决策时常见的情况。即使规划的直接投资支出也是分析不全面的，这是因为投资单位多，施工时间长，以及决策方式造成的。政治上的权衡可能对结果起主导作用。也许只有开发单位的费用是可以计算的，而其他有关方面——如交通当局或者商业迁移户的最终费用都没有考虑。在长期施工过程中的通货膨胀的影响，或者维护费用往往被忽视。因此，城市开发造价总是大大超过预算。由于受益效果的计算更是马马虎虎，有时真正的受益效果也像造价一样地飞速提高。在城市设计中，科学的支出与受益的平衡现在刚刚开始，必然很不完整，因为许多支出与受益是不能用货币来表示的。事实上，更多的对支出与受益的科学研究反而会把许多不易计量的因素掩盖起来。

城市设计的社会背景

城市的体形反映了城市赖之以形成和发展的社会和经济背景。在一般设计过程中，这显得很明确。当设计人一旦进入了这一过程，规划方案也早就在形成了。问题已经认识，投资人已有着落，按任务分配的经济资源已经明确，政治的和行政的规章也定了下来。其

至选聘某一位城市规划设计师也就意味着大致确定了某种新的空间布置格局。全部城市空间要求的细目多半已经有了头绪。

即使有上述限制，规划设计师还是有很多用武之地。他可以对设计任务书内的各项目提出问题。他可以同规划影响所及的有关方面联系，甚至动员他们进行投资。他可以提出上面所说的其他价值和标准，并提出解决老的矛盾的几种可能的方案，或者如何提出创造新价值的途径。他也可以利用个人的威望去左右决策或者同时制定方案以供选择，而对非设计人来说，这类方案是很难制定和区别的，最后，他可以在委托人不很关心的形体方面作出决定，因为委托人所关心的是利润，有利的政治反应，不误工期和预算控制。在这种情况下，委托人愿意发挥设计人的特长，因为这无损于主要目标。

作出任何一项决定总会牵涉许多集团的人，设计人往往想多拉一些人来共同决定，因此最后使用者也可以参加作决定的工作。这意味着复杂而又繁琐的联系工作，造成多次设计返工。为了使设计过程顺利进行，往往需要对参与决策的各委托人加以一些控制。有关主要委托人——与设计成果利害关系最密切的委托人或者实施规划权力最大的委托人的决定以及在这些委托人之间取得平衡是较困难的。要好好的执行就需要相当大的政治能量。设计人往往不作出这类决定，但他在决定过程中起一定作用，而且在道义上他是有责任的。

有权作出决定的人很多，因此矛盾是必然的。工作进展靠协商，而那些思想只有一个功能目标或者注意力只集中在一个小小领域里，对其他方面会采取灵活态度的协商人可能是好对付的。私人开发者会接受任何公共约束，只要不妨碍他的利润率就行。公共交通机构如能解决公共交通线路和起终点车站，就很高兴了。然而规划质量往往决定于整个系统所起的效果。在某些不易协商的问题上，如果迟迟难作决定，规划质量就会受一些可以用数量表示的、具有约束性的功能目标的压力或者地区的狭窄利益的压力而被迫让步。

有时候，这种情况会有所改变。有时，设计人是属于开发机构的，而这机构是有决定权和实施权的——譬如说，新城镇开发公司。设计人不作决定的，但他与能作决定的人有直接联系，所以他能处于有利地位提出问题并参与问题的实现和管理。另一方面，决策人和实施人也就深入到设计人的设计过程中去了。

有的时候，设计人与某个委托人集团直接发生雇佣关系，他帮助那个集团组织起来去明确某一问题。但

他不提出某种明确的方案，而只收集技术资料并草拟各种可能性，以便他的委托人去影响更大的范围内的决定过程。他是经办人，只对委托人集团献忠诚。他的地位可能是很舒适的，但如果委托人地位软弱，财力不足，他也许要作出一些牺牲。

设计人也可以不必当经办人而成为创议人，他提出方案，努力去组织一批委托人并弄到权力使方案讨论实施。这是件吃力的工作，很难成功的，但是只要新的设计方法的可能性慢慢地体现在决策人所能理解的方案之中，往往会产生一种后期效果。因此，新城园林公路、儿童创新活动游戏场（adventure playground）、城区更新、城市公园或商业广场等，曾成功地得到其他集团的支持和采纳并付诸实施。然而在某些情况中，投资的集团的动机可能与创议人不同，因而方案的本质会被歪曲。

环境的体形是可以用许多不同的方式加以变化的。对于有建筑设计训练的设计人来说，最明显的办法是，用一套图纸简单地把环境体形表示出来。其实这是很难办到的。然而，可以把某些关键部位（如主要广场，道路），或者某些特别系统（像自行车、路灯、标准住宅、快速公路等）设计得细致些。可以重复使用的系统的设计是个好机会，但在规划设计中却往往无人注意。应当选择设计某一些示范性项目，从而促进其他设计人员的工作。

城市设计的许多方面是用图表示的，这些图表达的并不是事物的精确体形，而是设想中的环境特征或空间效果，在设计空间中准备为那些活动创造条件，环境的形象结构，基本交通格局和土地使用，控制管理的类型。对某些细部可以详作说明，如路灯、广告、立面质感、声响效果。展示出意境模型，控制管理的说明文件，一系列幻灯片或电影所得效果或许比平、立、剖面图要好得多。能说明一个地点如何随着时间的转移而发展到什么模样要比画张最后建成的透视图效果要好多了。为了说明根据设计原则提出的某一个可能方案而做的草图往往能代替常用的正规总平面图。目前，描绘工整的工程和建筑图用得太多，其内容都是不肯定的、不具体的和不是最后定案的。

无需进行具体设计，就可以对别人的设计过程进行控制。可以运用规章或者规定设计过程的方式（如要求公开征图或征求使用人意见），也可以通过审查设计，或者间接的经济控制手段（如辅助投资和征税）来控制。在大规模复杂的开发中，必须采用这种间接的经济控制手段。审查设计尤其是在设计过程的最初阶段就抓

紧的情况下，总是一种有成效的做法，在依靠私人企业的经济体制中，经济控制是强有力的手段。设计控制，诸如规定立面特征、建筑物形状等，有时成功有时很不成功并且执行起来相当吃力。往往在这类工作中看到规划设计师把设计城市当作设计一座个体建筑来看待。

比较有效并较灵活的控制手段也许是制定环境质量的执行标准，然而，目前还没广泛采用。这些标准可以满足人们感觉要求的设计任务书为基础，如能见度、空间特征、热闹景色、景观质感、运动速度、广告内容、灯光、噪声或气候。这样一个设计任务书可能提出在某一地点建立一个制高建筑物，一英里（1609.34m）以外日夜可见建筑物内的活动情况，建筑物的体形从各个方向都可一目了然。这样一个设计可以因建议人的不同意图用各种形状来实现。另外的例子，如需要什么样的小气候、噪声程度、广告内容、沿街设置板凳和风雨廊，等等，都可以作为所要求的特征提出来，正如有人习惯于对小巷提出通道宽度或者为建筑材料规定易燃度一样。

城市设计的主要目的是改进人的空间环境质量，从而改进人的生活质量。它并不直接解决社会的一些根本性问题，像贫穷、战争、不平等或隔阂，要想做也是无法做好的。但是既然城市设计涉及社会生活背景，它必然要受这些根本性问题的影响，反过来也要影响这些根本性问题。战争会破坏美丽的名胜，贫穷使环境难以容忍，隔阂使环境失去意义。看一个地方不能不看到那里的社会情况，也不能只从社会情况来判断生活质量而不看到那里的空间背景。环境会起着它本身特有的作用：环境的地域划分可能会加强社会隔离；它也可能为人们提供新的机会；环境还会影响儿童性格的成长。环境建设的过程可能会奖励自力更生精神并在生活不幸的人们中促进新的关系。在任何改革社会的总战略中，往往都会包括改善环境。大多数革命的社团都把一部分力量用于重新组织他们的生存空间，即使他们对纯感官的效果或许并没予以最优先的注意。

城市设计中的典型问题

要想更好地理解城市设计，就要研究某些典型例子是如何反映城市设计问题的。

地区政策

把环境质量放在整个城市或区域规模上来考虑是不常见的，在那一级规模上传统考虑的问题是土地使用和绿地布局，住宅建设，公共设施以及交通和公用事业系统。可见，区域环境质量是地方环境质量的支柱。近

来，对城市或城市的体形的分析已经取得成就，如在美国的明尼阿波利斯（Minneapolis）、旧金山和洛杉矶对大型风景区也作过调查，如英国泰晤士河下游及其两岸地区以及意大利的提契诺（Ticino）山谷的部分地区。把视觉标准与生态学因素结合考虑的区域规划有巴尔的摩（Baltimore）附近的格林斯普林斯（Green Springs）和沃辛顿谷地的区域规划。围绕哈瓦那的新农业绿带，即所谓"缓带"，是有意识的要创造一个新的风景线，同时也是为了改组城市的经济和人们的意识。对性格特别显著的现有地区已经制定了规划来保护它们。如佛罗伦萨周围地区。有些小地区，具有吸引新的开发事业而不致破坏环境的条件，正在被利用起来作为区域经济发展政策中的一个生长点，最显著的例子是赫尔辛基附近地区。但是在这种规模下控制风景质量和人文环境所需的技术和政治措施还有待解决。

新居民点

有计划地建设新居民点的地方，现在都较能承认优美体形环境的必要性了，虽然成就还不很显著。最佳的作品是些中等规模的往往是小康之家建设的近郊住宅区，在美国如罗兰公园（Roland Park）、里弗赛德（Riverside）、查塔姆村（Chatham Village）和雷德朋（Radburn），在英国早期的贝德福德公园（Bedford Park）和汉普斯特德花园郊区住宅。今天还在继续建设一些优美的近郊住宅区，最新的风气是建设设计良好的假期住宅村如美国科德角（Cape Cod）的新西盘雷（New Seabury）。这些都是优美地方，主要取胜于与地形地貌密切结合，用地宽敞，植物茂盛，街景空间设计优美，广告、路灯、围墙、街道小品以及其他细部管理严密。

设计新镇的劲头越来越大，总的说来，早期的例子像英国的韦林温（Welwyn）看来是其中较为成功的。弗吉尼亚的雷斯顿的中心区和湖是很优美的，但稍嫌不现实，芬兰的塔皮奥拉（Tapiola）在风景设计方面有显著成就，总平面中细部处理丰富多彩，技巧很高。可是多数新镇并不比一般市郊住宅区好，至少从视觉效果来说是这样的，而有些新镇则相当单调或者修饰不够。伦敦泰晤士河畔的泰晤士米德（Thamesmead）巧妙地使用了工业化构件并且独到地利用了河边洼地，可是住宅建筑造价太高，有些装饰用得可能过火。苏格兰的坎伯诺尔德（Cumbernauld），印度的昌迪加尔（Chandigarh）和巴西的巴西利亚，不少人批评这些设计是把一种陌生的体形强加在有生命的社会之上。

处理新镇体形的困难与推行地区政策的困难相似：规模大，错综复杂，设计人与使用人之间有距离，无力控制快速的大规模建设并使之多样化。所以，英国最新的、技术上最先进的新镇米尔顿·凯恩斯（Milton Keynes）的规划对体形问题轻描淡写而过，只强调了自然特征的保护政策。除上述困难外新镇还有一个特质——发展迅速，缺乏过去的历史，新镇未来的居民不能同新镇规划设计有所联系。从旧址遗风或从不同的适应当地的环境的不同方法中提炼出来的丰富多彩的特性，在这些新镇中是当然找不到的。任何成就总是靠局部总平面的巧妙处理而取得的。今天全世界大量新城市化过程的结果是到处单调无味，毫无内容。这不只是没有钱的问题，因为有一些最引人入胜的好例子恰好是不发达国家里那些自助建设起来的定居点。

高密度住宅建设的收获也不大，尽管这些工程与一般个体建筑设计相差不大，而且采用的技术都是比较成熟的。提出若干设计质量良好的中等密度和高密度住宅建设例子是可能的，但是它们却被淹没在大片像兵营似的毫无人情味的板式公寓楼之中。然而在英国和斯堪的纳维亚国家，可以经常看到较适用的优美住宅区。

翻新，改建，保存

在美国由于联邦政府发起的城市更新计划使城市设计得到官方最有力的推动，这项计划要求在市中心区清理中等大小的基地。用于建设综合性住宅和商业建筑群。因为这是一项在政治压力下众目所瞩的计划，并得到热衷于外观质量的人们的积极支持，所以十分强调要做出好的城市设计。现在设计这类综合性建筑群的机会是很多的，而在过去却很难遇到。以设计大型综合建筑群为专业的学校、设计事务所相继出现，但成绩却参差不齐。出现了一些优美的作品，主要在市中心的商务区内，但是大多数设计由于设计人妄自尊大和不善于管理使设计质量不高。关键性决定由执行机构和大开发公司来做而将来的使用人（更不必说目前的使用人）很少有发表意见的机会。

即使这些工程都与市中心区建设有关，但往往被作为孤立的个体建筑来处理，所以达不到真正城市更新的目的（即修复现有建筑物供现在住户使用）。城市设计没有多大办法像提高自然风景那样去提高现有社会和建成环境的价值。在一些能吸引高薪阶层的旧区里，环境有了一定改进，可是这种改进往往掩盖了社会支付的代价，只有极少数地方的政府机关成功地帮助了当地居民改进了他们的地区的环境，像纽黑文（New Haven）的伍斯特广场。政府部门采取的主要行动是为居民提供设计服务而不是代替他们设计。在城市设计中，翻新和更新依旧是主要社会工作中尚需深入的工作。

当问题不在于翻新而在于保障已经取得的环境质量时，技术任务就较为简单而且是熟悉的：分析当地现在的景观质量，为改建或新建提出设计准则。这些设计准则或许要求外立面更替一下，或者按原先立面翻建，或者只要求注意体积组合、尺度、间距、门窗处理和材料。这类成功例子很多，随便可举波士顿的灯塔山（Beacon Hill）、新奥尔良（New Orleans）的维厄卡埃（Vieux Carre），南卡罗来纳的查理斯顿市中心。有时，像这类环境保护工作会予以很高的政治优先地位，即使在经济较困难的国家里也会拨以巨额资金，如华沙的 Start Miasto。保存现有价值比创造新价值更为容易，然而在城市设计的总任务中，保存只能起较小的作用。

交通线路

人在走路或驱车经过城市时，认识城市。道路、步道和公共交通线路一般是由政府部门修建和维护的，因此，这些通道的设计是城市设计的一个重要分支。交通线路设计准则的重点在于运输线路的有效工作，在线路上行动时能使人感到舒畅并能收到信息以及线路外面的人对线路的印象。最后一点要达到的目标是与前两点有点矛盾的。过去，主干道设计主要是考虑路的剖面，有时把它当作一个慢速的纪念性通道。从连续的和动态的角度来设计也是较新而较少的设计原则。美国有不少经过田野的高速公路是今天世界上大规模设计的最佳实例。密切结合地形，绿化设计的利用，空间与动态的变化都处理得极其精彩。另一方面，虽然有些城区快速道路由于外部环境的原因使路形独具特色（如费城的许依格尔河园林公路），但是专门设计的成功例子，除了作为说明设计意图的草图外，至今还没有出现过。

对高速公路景观设计是有所研究的，可是对大运量客运设计几乎没有什么考虑。搭公共汽车或乘坐火车和驾驶汽车时看到景观的机会是有区别的，公共车辆的乘客往往想不到欣赏景观。现在的设计人都不重视公共汽车乘客的视觉要求。公园或名胜中的步行道设计通常是更受到重视的，可是普通城市街道上的行人的要求却总被忽视。欧洲各国对自行车专用道设计很下功夫，美国现在也开始注意了，可是对自行车道的动态景观却注意不够。在英国一些旧时代留下来的工业运输运河被保存下来并加以整理作为旅游用。从飞机上下望风景，看来是无稽之谈，可是在未来或许也应引起注意。道路往往是整个线形环境中的惟一元素。高速公路旁的条形商

业地带是极其丑陋和混乱的，可是却有很高的功能作用使之得以存在。为了创造优美的景色也许可以把高速公路与线形分布的设施结合起来，构成一个整体结构。这种设想不时有人提出，但从未付诸实施，只有少数办公楼或公寓楼稍微利用了一下"制空权"。

商业中心和市中心区

城市设计中某些最出色的设计是在商业中心。这并不奇怪，因为在那些中心里，总是有最大的商业资本，有可能有效地控制形体，而且，令人注目的形式在增加利润方面起重要作用。城市更新中那些最受人欣赏的作品几乎都是在市中心商务区内。这些工程往往都是店铺、办公室、公共建筑和高级公寓的混合体。它们的形式相当复杂，往往有许多分层，各种用途在建筑中按专业划分并且对高密度的车辆交通加以综合处理。一般做法总设有公共活动场地（广场）。廊式铺面，自动楼梯，屋顶散步场地和步行道以及地下停车场地。造价很高，细部漂亮但往往较为冷酷无情。因为设计着重于表现纯形体，以及过分注意经济利益片面追求营利高的项目。室内公共空间处理中的复杂联系给设计带来了新的问题。人工照明和空气调节代替了自然采光和通风。公共通道都是走廊和地道。

区域性商业中心现在是颇为成功、值得效仿的模式，他比其他类型的环境设计更注意行为学的根据。现在变得过分人工化、专门化并且孤单，然而它们还是可以与其他社会功能结合起来使之成为真正的社会中心。

特别领域

在规划大型公共建筑方面，城市设计曾取得某些成就，在这种情况下，对体形环境进行统一控制是可能的。大型城市医院就是利用率很高的复杂技术的综合体。大学校园规划往往提供了整体设计风景的好机会。现在非但现有学校在发展，新的校园也在筹建。许多这类项目往往是在空地上修建的，很有可能建成优美的环境。一些较为成功的例子具有完整的生活环境，那里往往有足够的空地进行风景建设。为高速发展的地区做规划确是个难题，就像在有大量汽车交通的风景地区想保护风景一样困难。高等教育的传统组织形式往往造成千篇一律的建筑形式和科系组织方式。教育环境的实质性问题到目前还没有深刻地探讨过。可是大学校园由于学校生活和校园的庭园风光，往往是城市中很能吸引人的地方。但校园却始终是文化的孤岛，好像购物中心是消费者的孤岛一样。

另一个受到设计注意的特别领域是工业区和工业公园。那是在单一控制下作为工业用地的大片土地，往

往设有银行、餐厅或维护与分配行业等服务设施。工厂区规划往往是按铁路公路运输条件而决定的，工厂内部布置要求也会对规划有影响。最近，这种工厂区的外观方面受到了重视。制定条例要求工厂体形设计简单，采用好材料，退离红线并进行绿化。最好的结果是一片平淡的绿化地面上出现了低层厂房。对于使这块地面上的生产活动能进行得更愉快舒适以及如何使其他生活设施与工厂结合起来则很少考虑。另一方面，工业的潜在魅力并未予以利用，厂内发生些什么，外面是一丝也看不见的。

博览会是发挥设计创造性的良好机会，早期有不少博览会都是出类拔萃的，如1893年芝加哥世界哥伦比亚博览会，1889年巴黎博览会，1851年伦敦博览会。最近博览会在一片视觉混乱之中并无太多新的贡献。建筑结构方面有所创新如蒙特利尔博览会中的展览住宅，"人的栖息点"(Habitat)，但在总的环境组织方面并无新的贡献。现代博览会竞争性极强，而投资人都是分散的，在时间压力下要把他们统一协调起来是困难的。

大型自然和人工胜地

大型州立和国立公园设计已经发展成为一项与风景建设和造林关系紧密的专业。要处理大量游客，防止生态破坏，保持自然风景，满足各种文体需要而不使其相互干扰，这些都是中心问题，而且往往都能处理恰当。细部简洁，重视维护。用风景使游客领悟大自然的结构。

较小的城市公园是风景设计的发源地，有些老的城市公园是环境设计的优美示例。近来的城市公园设计都不大成功，毛病在于某种程度的标准化以及内容与形式的空洞。儿童游戏场的一些新设计倒较为成功：景观富于变化吸引人，建设用材简单，符合儿童行为与心理。在"创新活动游戏场"里，儿童们可以利用空间和原始材料建设自己的环境和设备，这种游戏场特别有趣。可以希望，这种游戏场会导致设计真正的"教育环境"。

美化自然特征是早期的市容设计的一个重要方面。海滨、湖边、小溪、池塘加以改建成为散步道或供划船、游泳、野餐等的游憩场所。在不少欧洲城市里，滨河地带曾有过宏伟的建设。美国在这方面忽视了，但也有少数不错的例子，像芝加哥的湖滨地带，波士顿查尔斯河盆地，旧金山金门公园以及圣安东尼奥滨河步道。但是由于城市滨水地带的港口与工业地区的经济衰退，美国许多城市现在开始逐步开发这些滨水地带，像波士顿、纽约、费城、圣路易斯等等。

高山丛岭在城市区域内是不多见的，它们的风景

美难得被利用上，虽然在山颠可能有个小公园或者登高一望景色迷人。有不少大城市有高山相映成趣，如加拉加斯(Caracas)、圣萨尔瓦多(San Salvador)、布宜诺斯艾利斯(Buenos Aires)、洛杉矶(Los Angels)。大桥是城市中具有戏剧性效果的元素，可是很少作为景观来设计，以供人漫步、攀登、通船和欣赏。大坝和水库是风景中强有力的元素，巨大的工业废料堆丑陋不堪，必须隐蔽起来，不让看见。

在一些特殊环境系统方面，已经做了一定工作：成套的设施分布在广大地区，但它们本身并不能成为完整的风景。有一个时候当城市化范围以前所未有的速度扩展，在设计系统中采用工业化构件或许是普遍提高环境质量的一个优越的杠杆。种植规划是环境系统设计中最为人们所熟悉的例子。干道、小街、步行道、小径和住宅门前绿化都有规定的布置方式和植树品种。这个设计的目的是为了保证最低限度的环境质量，使树的类型能与各点上的要求和尺度相配合，也可以用来使某些地区和干道具有自己的明显特征，或者衬托出区域的主要结构。固然，树木往往不被当作工业产品来看待，但事实上，它们是以工业生产方式大批量生产以满足需求的。许多优美的市区远近闻名，主要是由于那里绿化搞得好。

广告现在已被重视。重点多半是在于直接视觉效果，很少注意其内容，而内容是广告存在的依据。对公共照明现在也有所讨论了，因许多设计人现在已经认识到人工照明的巨大潜力。可是照明研究往往只停留在灯杆上，这恰好是最不重要的方面。其他产品的设计很少考虑到对人的直接影响。譬如说各种街道小品，还有千篇一律的铺面材料，如沥青、混凝土和混凝土道牙子，都很少按对人的影响来考虑。

系统设计也可以应用在大片环境上。一个有可能的前途是设计活动房屋和它们的总体布置。房屋本身是精心设计的工业产品，可是，挂斗房屋的定居点的环境质量往往是停放下来后是怎么样就是怎么样。活动房屋的系统设计和把它们布置成住宅邻里单元对于提供大量中等造价住宅并保证其环境质量来说是具有战略意义的措施。田纳西流域建设局(Tennessee Valley Authority)曾经采用过这种临时定居点，并且创造了成功的经验，这是不应忘记的。

表现方式

多数城市设计师素以想像丰富而闻名，但在创造新形象上却没下功夫，他们心目中的形象是欧洲古老

广场或者雷蒙德·昂温爵士 (Sir Raymond Unwin) 和弗雷德里克·L·奥姆斯特德 (Frederick Law Olmstead) 的浪漫主义规划手法，或者勒·柯比西耶的高密度与高技术相结合的规划设计。

1967年蒙特利尔世界博览会的展览住宅(Habitat)，可能是最能说明新的环境设计可能性的最新例子，在这里，公寓单元一个个堆积起来成为一座不规则的小山丘似的建筑物。下面单元的屋顶是上面单元的平台绿地，在每一层上各部分之间都有步行道相互联系，整个大楼犹如一座三度空间的大村庄，造价很高，可是参观过的人都对此赞美不已。

最新的富有表现力的大型环境工程都以三度空间的复杂组合为主题，并结合非常先进的传送技术和空调，而且有灵活变化、高密度和形象惊人的特点，既是机械化的产品又具有有机的体形。这些思想的出现恰好发生在全世界都在提倡低密度并对高度技术和集中控制表示反感的时候。这种表现方式似乎是想把人引导到无人愿去的地方，并且忽视了人类已知的关于环境对行为的影响。

另一种强烈的空想倾向还没有对城市设计发生直接作用，虽然这种倾向有其深刻的历史根源，而且多数规划设计师对此较为同情。那就是生态平衡思想，它与旧时的"回到自然去"的思想有联系，并在某种程度上与马克思主义者的城乡结合的思想也有联系。浪漫主义、低密度近郊住宅区以及美国广泛盛行的"乡下别墅"是同一思想在现实生活中的体现。但是，在近郊住宅区和假期别墅使许多人享受到较为优美而富于人情味的环境的同时，乡间城市化的工作也向前迈进了一步。他们并不是真正的要过农村生活。

在美国，新"公社"的出现是追求回到农村的另一种表现形式，犹如在"不景气"年代里人们试图务农为生一样。公社是社员的根本性改革与回到农村简朴生活的旧梦相结合的产物，提倡手工生产和自己创造环境。目前，这种倾向对城市设计实践并无太大直接影响，只是促进了应用生态调查去确定未开发地区的今后用途。值得注意的是没出现与新的社会发展可能性有关的形象，也没看到与人和环境之间相互作用问题有关的形象。1940年代高德曼(Goodman)的"公社"(Communitas)一文中的"示范"曾探讨过，那是惟一例外。

城市设计领域正处于激变和矛盾阶段。在全世界，建筑师正在失去那种无庸争辩的领导地位而变成一个复杂的设计队伍中的普通成员。现在正在设法训练那样一种设计人员，他能分析并解决区域性的空间体形问题，或者具有统一管理与设计环境的能力，而不仅仅是附带懂得一点城市问题的建筑师。正在开展环境和行为之间的相互作用的研究得到的成果是对传统的城市体形概念的挑战。大范围设计的新方法正在发展，主要是采用计算机，城市设计由于只关心可见形体，脱离基本的社会争端而受到指责。设计人对在决定大范围设计时所面临的复杂的政治和经济因素不知所措，委托人现在也不甘愿受人摆布，而是要在设计过程中起部分作用。

城市设计作为一项独立专业而兴起，是为了填补一些旧环境专业之间的空隙。譬如，为很多业主设计一座共同的综合性大型建筑时就出现了分配使用的问题。此项新职业在设计整座城市时，出于一种误解，渴望像设计建筑物那样为单一的委托人迅速地把城市建起来。他们偏重于体形的心理学与知觉的方面，因为从社区、区域或各项工程设施一级来看，这些因素往往没被人注意。随着城市规划的展开，规划设计开始把重点从纯体形环境设计转向经济社会政策方面，目前或许正在进入其他各项专业的次领域。列举成功的环境领域是会有益的，譬如繁荣的市郊住宅区，商业中心，历史名胜，农村地区的高速公路，大学校园，大型野外公园。然而，看一些地区的失败教训或者至少有哪些做得不够或许受益更大，如大地区的环境质量，新镇和广大的住宅区，需要复兴和更新的地区，城市道路，工农业地段绿化工作，活动房屋的定居点等等。

目前这场混乱会把我们带到哪里，这很难说。但愿它会使这项职业变得有能力从社会、政治、经济和心理学各方面来处理城市空间体形。这意味着这一专业要把注意力集中到那些能使人最充分地发挥潜力的环境质量方面。这就是说要把环境看作变化着的生命系统，而人是这一系统中的一个不可分割的部分。因此必须如饥似渴地从生态学、环境心理学和社会学里吸收知识并把设计过程发展成为预见、创新和管理这样一个往复循环的过程，在这过程中，最后使用人能密切过问，从而使规划和建筑以及管理成为振奋人心的社会艺术。这个过程应把注意力放到过去被忽视的领域，如区域、需要复兴的地区、新居民点、环境系统，以及人们生活和工作度过一生的那些普通日常接触的各种小地方。当然，这个过程必然要与社会组织的变化平行发展并得到加强。

主要参考书目

1．吴良镛著．人居环境科学导论．中国建筑工业出版社，2001

2．吴良镛．城市研究论文集．中国建筑工业出版社，1996

3．(英)F·吉伯德等著．程里尧译．市镇设计．中国建筑工业出版社，1983

4．(苏)布宁等著．黄海华译．城市建设艺术史．中国建筑工业出版社，1992

5．(美)J·O·西蒙兹著．程里尧译．大地景观．中国建筑工业出版社，1990

6．齐康主编．城市环境规划设计与方法．中国建筑工业出版社，1997

7．彭一刚著．建筑空间组合论．中国建筑工业出版社，1983

8．齐康主编．城市建筑．东南大学出版社，2001

9．(丹麦)扬·盖尔著．何人可译．交往与空间．中国建筑工业出版社，2002

10．段进著．城市空间发展论．江苏科学技术出版社，1999

11．(意)L·本奈沃洛著．邹德浓、巴竹师、高军译．西方现代建筑史．天津科学技术出版社，1996

12．郑宏编著．广场设计．中国林业出版社，2000

13．北京百科全书．奥林匹克出版社、北京出版社，2001

14．荆其敏、张丽安编著．世界名城．天津大学出版社，1995

15．中国城市规划设计研究院规划设计作品集．中国建筑工业出版社，1999

16．(英)查尔斯·詹克斯著．李大夏摘译．后现代建筑语言．中国建筑工业出版社，1986

17．吴良镛．城市美的创造．清华大学建筑与城市规划研究所，1985

18．俞孔坚、李迪华．城市景观之路．中国建筑工业出版社，2003

19．徐思淑、周文华．城市设计导论．中国建筑工业出版社，1991

20．郝娟著．西欧城市规划理论与实践．天津大学出版社，1997

21．陈占祥译．(英)1997 不列颠百科全书城市设计条目．中国城市规划设计研究院资料

22．中国大百科全书(建筑、园林、城市规划卷)．中国大百科全书出版社，1988

23．沈玉麟编．外国城市建设史．中国建筑工业出版社，1989

24．(美)凯文·林奇等著．黄富厢译．总体设计．中国建筑工业出版社，1999

25．(美)I·L·麦克哈根著．芮经纬译．设计结合自然．中国建筑工业出版社，1992

26．夏祖华、黄伟康编著．城市空间设计．东南大学出版社，1992

27．(美)S·格兰尼著．张哲译．城市设计的环境伦理学．辽宁人民出版社，1995

28．朱文一著．空间、符号、城市．中国建筑工业出版社，1993

29．(波)W·奥斯特罗夫斯基著．冯文炯等译．现代城市建设．中国建筑工业出版社，1986

30．贺业钜著．中国古代城市规划史．中国建筑工业出版社，1996

31．刘永德等著．建筑外环境设计．中国建筑工业出版社，1996

32．刘心武著．我眼中的建筑与环境．中国建筑工业出版社，1998

33．(美)E·N·培根著．黄富厢、朱琪译．城市设计．中国建筑工业出版社，1989

34．(美)刘易斯·芒福德著．倪文彦、宋峻岭译．城市发展史．中国建筑工业出版社，1989

35．(日)芦原义信著．尹培桐译．外部空间设计．中国建筑工业出版社，1985

36．陈敏豪著．生态文化与文明前景．武汉出版社，1995

37．(英)埃比尼泽·霍华德著．金经元译．明日的田园城市．商务印书馆，2000

38．(美)凯文·林奇著．方益萍、何晓军译．城市意象．华夏出版社，2001

39．城市设计论文集．"城市规划"编辑部，1998

40．(奥)C·西特著．仲德昆译．城市建设艺术．台北斯坦出版有限公司，1993

41．王建国著．城市设计．东南大学出版社，1999

42．北京城市规划、勘察设计学术报告专辑(一)．北京城市规划学会，1999

43．深圳市建设场地环境设计标准与准则(试行)．中国城市规划设计研究院，1999

44．(日)相马一郎等著．周畅、李曼曼译．环境心理学．中国建筑工业出版社，1986

45．王进益编译．国外关于建立步行街、步行区及其建筑艺术布局问题．中国城市规划设计研究院学术信息中心

46．(苏)格·波·波利索夫斯基著．陈汉章译．未来的建筑．中国建筑工业出版社，1979

47．清华大学土建系．建筑构图原理(初稿)．中国工业出版社，1961

48．张斌、杨北帆编著．城市设计与环境艺术．天津大学出版社，2000

49．王济昌著．都市设计学．中国文化大学市政学系出版，1989

50．李道增编著．环境行为学概论．清华大学出版社，1999

51．王珂、夏键、杨新海编著．城市广场设计．东南大学出版社，1999

52．中国城市规划学会主编．中国当代城市设计精品集．中国建筑工业出版社，2000

53．金经元著．近现代西方人本主义城市规划思想家．中国城市出版社，1998

54．(美)C·亚历山大等著．陈治业、童丽萍译．城市设计新理论．知识产权出版社，2002

55．(美)凯文·林奇著．林庆怡、陈朝晖、邓华译．城市形态．华夏出版社，2002

56．(英)K·鲍威尔著．王钰译．城市的演变．中国建筑工业出版社，2002

57．田银生、刘韶军编著．建筑设计与城市空间．天津大学出版社，2001

58．吴良镛．世纪之交的凝思：建筑学的未来．清华大学出版社，1999

59．熊明等著．城市设计学——理论框架·应用纲要．中国建筑工业出版社，1999

60．金广君编著．国外现代城市设计精选．黑龙江科学技术出版社，1995

61．李敏著．现代城市绿地系统规划．中国建筑工业出版社，2002

62．深圳2005 拓展与整合．深圳市规划与国土资源局、深圳市城市规划设计研究院

63．同济大学建筑与城市规划学院编．同济大学城市规划专业纪念专集．中国建筑工业出版社，1997

64．王路主编.世界建筑2000.天津大学出版社，2000

65．骆小芳.我国城市公共空间设计及建构过程中的整体性原则研究.清华大学博士生论文，1999

66．孙成仁.后现代城市设计倾向研究.哈尔滨建筑大学博士生论文，1999

67．朱晨.广场与活动.中国城市规划设计研究院硕士生论文，2001

68．何均发主编.何均发城市环境艺术摄影集，1997

69．傅克诚＋日本顾问编辑委员会主编.日本著名建筑事务所代表作品集.中国建筑工业出版社，1998

70．何智亚主编.重庆老巷子.重庆出版社，2002

71．中国城市规划与住宅.The 46th IFHP World Congress.Tianjin,China,2002

72．中国美术全集建筑艺术篇.中国建筑工业出版社，1988

73．北京市规划委员会、北京城市规划学会编.第八届首都规划建筑设计汇报展获奖方案选.中国建筑工业出版社，2002

74．Urban Design in Australia.Australian Government Publishing Service,1994

75．J.Barnett.Urban Design,The Practice of Local Government Planning.Arcata Graphics Book Group.Kingsport Press,1998

76．A.B.Jacobs.Great Streets.MIT Press,1993

77．Better Cities.Comonwealth Department of Health,Housing and Community Services Australia,1992

78．Koichi Tonuma.Theory of The Human Scale,1994

79．National capital planning commission.Worthy of the Nation.Smithsonian Institution,1977

80．Tony Aldous.Urban Villages.BAS Printer Ltd,1992

81．Liangyong Wu.Rehabilitating the Old City of Beijing.UBC Press,1999

82．John A.Dutton.New American Urbanism.Abbeville Publishing Group,2000

83．L.Benevolo.The History of the City.MIT Press,1981

84．The City Planning Institute of Japan.Centenary of Modern City Planning and its Perspective.Shokokusha Publishing Co.Ltd,1988

85．WWF HongKong.From Fishing Hut to Education Centre.

后　记

　　本书是中国城市规划设计研究院（以下简称中规院）的科研成果，笔者从1997年起承担此项目研究工作，历时6年。其间经过调查研究，收集了国内外大量资料，曾为本院研究生讲授此课目，为社会讲座（"城市设计"和"城市公共空间设计"）约20余次，6年来参加评审国内外规划设计机构所做的城市设计项目60余项（不包括院内的城市设计项目评审）。这些实践为本书的写作提供了丰富的素材，奠定了基础。在此，要感谢国内很多城市和有关部门领导及同志们给予的帮助。

　　作为研究工作，首先要感谢中规院领导王静霞、李晓江、刘仁根等同志的支持和帮助，课题组成员陈长青同志，还有高世明博士为我所做的图片编辑工作。此外，还要感谢中规院城市环境与景观规划设计研究所、中规院海南分院领导易翔同志的支持和顾会良同志提供的帮助；感谢中规院陈长青、高世明、卢华翔、茅海容、梁亮等同志协助完成文字、图片的制作，蒋大卫、王景慧、詹雪红、陈长青、黄鹭新、杨保军、苏原等同志提供的图片资料；感谢北京市城市规划设计研究院原院长柯焕章、北京青田建筑设计公司总建筑师黄汇、上海城市规划设计研究院原总规划师黄富厢；感谢上海城市规划管理局原总工程师耿毓修、包头市城市规划局原总规划师王璇，湛江市原副市长何均发，以及天津城市规划设计研究院，天津城乡建设研究所，武汉城市规划设计研究院，重庆城市规划设计研究院等赐予宝贵的照片资料。没有这些帮助，这本书是不可能完成的。

　　这本书在城市科学研究的大海中，只是"沧海一粟"。但愿它能激起一小片波涛，使更多人关心和研究城市设计。

邹德慈

2003 年 3 月